燃气行业管理实务系列丛书

城镇燃气设施
巡查与保护实务手册

唐立君　陈济敏　主编

中国建筑工业出版社

图书在版编目(CIP)数据

城镇燃气设施巡查与保护实务手册 / 唐立君,陈济
敏主编. — 北京：中国建筑工业出版社,2023.12
(燃气行业管理实务系列丛书)
ISBN 978-7-112-29379-7

Ⅰ. ①城… Ⅱ. ①唐… ②陈… Ⅲ. ①城市燃气—燃
气设备—安全管理—手册 Ⅳ. ①TU996.8—62

中国国家版本馆 CIP 数据核字(2023)第 232831 号

　　本书共 7 章,分别是：城镇燃气管道相关知识介绍、城镇燃气埋地管道及附属设施的
巡查、燃气管网第三方施工损坏的原因及防范措施、燃气管道设施保护措施、第三方施工
损坏燃气管道的应急管理、第三方施工损坏燃气管道事故调查及处理、燃气管道常见破坏
案例分析。由于燃气管网遍布市区的大街小巷、各家各户,分布面广且零散,隐藏的不安
全因素多,一旦发生事故,影响面很大。本书用大量的案例介绍了城镇燃气设施巡查与保
护的重要性、必要性。

　　本书可供从事燃气经营企业、燃气行业管理人员、技术人员、管网运行人员使用,也
可供从事燃气工程的设计人员、施工人员、监理人员以及相关专业人员使用。

责任编辑：胡明安
责任校对：姜小莲
校对整理：李辰馨

燃气行业管理实务系列丛书
城镇燃气设施巡查与保护实务手册
唐立君　陈济敏　主编
*
中国建筑工业出版社出版、发行(北京海淀三里河路 9 号)
各地新华书店、建筑书店经销
北京红光制版公司制版
天津安泰印刷有限公司印刷
*
开本：787 毫米×1092 毫米　1/16　印张：12½　字数：209 千字
2023 年 12 月第一版　　2023 年 12 月第一次印刷
定价：**50.00** 元
ISBN 978-7-112-29379-7
(42023)

版权所有　翻印必究
如有内容及印装质量问题,请联系本社读者服务中心退换
电话：(010) 58337283　QQ：2885381756
(地址：北京海淀三里河路 9 号中国建筑工业出版社 604 室　邮政编码：100037)

燃气行业管理实务系列丛书
编 委 会

主　　任：金国平（江苏科信燃气设备有限公司）

副 主 任：许开军（湖北建科国际工程有限公司）

　　　　　彭知军（华润股份有限公司）

　　　　　王祖灿（深圳市燃气集团股份有限公司）

资深顾问：郭宗华（陕西省燃气设计院有限公司）

　　　　　朱行之（甘肃省管道保护协会名誉会长、《管道保护》主编）

执行主任：伍荣璋（长沙华润燃气有限公司）

委　　员：白雪峰（安弗瑞（上海）科技有限公司）

　　　　　蔡　磊（华中科技大学）

　　　　　陈跃强（江苏思极科技服务有限公司）

　　　　　陈新松（阳光时代（上海）律师事务所）

　　　　　陈济敏（中国雄安集团智慧能源有限公司）

　　　　　陈树林（深圳市燃气集团股份有限公司）

　　　　　胡杨生（湖北建科国际工程有限公司）

　　　　　金　玮（上海锦天城（青岛）律师事务所）

　　　　　李　旭（中国燃气控股有限公司）

　　　　　李华明（南海能源投资有限公司）

　　　　　李文波（湖北建科国际工程有限公司）

　　　　　刘晓东（惠州市惠阳区建设工程质量事务中心）

　　　　　秦周杨（湖北宜安泰建设有限公司）

仇　梁（天信仪表集团有限公司）

孙　浩（广州燃气集团有限公司）

姜　勇（中石油天然气销售分公司总调度部）

宋广明（铜陵港华燃气有限公司）

苏　琪（广西中金能源有限公司）

唐立君（中国燃气控股有限公司）

王　睿（广州燃气集团有限公司）

王传惠（深圳市燃气集团股份有限公司）

王伟艺（北京市隆安（深圳）律师事务所）

王延涛（武汉市城市防洪勘测设计院有限公司）

伍　璇（武汉市昌厦基础工程有限责任公司）

邢琳琳（北京市燃气集团有限责任公司）

杨常新（深圳市博轶咨询有限公司）

杨泽伟（湖北建科国际工程有限公司）

于恩亚（湖北建科国际工程有限公司）

张华军（湖北建科国际工程有限公司）

周廷鹤（中国燃气控股有限公司）

朱柯培（北京天鸿同信科技有限公司）

朱远星（郑州华润燃气股份有限公司）

邹笃国（深圳市燃气集团股份有限公司）

秘 书 长：李雪超（中裕城市能源投资控股（深圳）有限公司）

法律顾问：丁天进（安徽安泰达律师事务所）

本 书 编 写 组

主　　编：唐立君（中国燃气控股有限公司）

　　　　　陈济敏（中国雄安集团智慧能源有限公司）

副 主 编：卓　亮（滁州中石油昆仑燃气有限公司）

　　　　　黄志伟（深圳市燃气集团股份有限公司）

　　　　　李　旭（中国燃气控股有限公司）

成　　员：钱　鑫（华润燃气控股有限公司）

　　　　　王鹤鸣（兖州华润燃气有限公司）

　　　　　杨　凡（镇江华润燃气有限公司）

　　　　　伍荣璋（长沙华润燃气有限公司）

前　言

　　第三方施工活动严重威胁燃气设施安全运行，相关破坏事故时有发生，造成供气中断、影响燃气安全稳定供应，甚至引发爆炸、火灾等次生灾害，造成人员伤亡和财产损失，严重冲击公众安全感。如，2017 年 7月 4 日，吉林某市发生旋喷桩机钻破聚乙烯燃气管道的泄漏爆炸事故，造成 7 人死亡、85 人受伤，其中重伤 13 人，直接经济损失 4419 万元。

　　据统计，公开报道的室外燃气事故中，燃气管道设施第三方施工破坏事故占比超过 70%。加强燃气设施巡查和保护，防范第三方施工破坏，已成为燃气安全运行的重中之重。各地方政府和燃气公司因地制宜采取了健全制度、加大巡查力度、建立保护机制等举措，加强燃气设施巡查和保护工作，取得了显著成效。

　　据《2022 年中国城市建设状况公报》，全国燃气管道近 100 万公里，其中天然气管道长度占比超过 98%。燃气设施巡查和保护的工作任务很重，是关系安全发展的大事，必须进一步加强和改进。

　　鉴于此，燃气行业管理实务系列丛书编委会组织一批具有丰富实践经验的同仁编写了《城镇燃气设施巡查与保护实务手册》，本书共 7 章，分别是城镇燃气管道相关知识介绍、城镇燃气埋地管道及附属设施的巡查、燃气管网第三方施工损坏的原因及防范措施、燃气管道设施保护措施、第三方施工损坏燃气管道的应急管理、第三方施工损坏燃气管道事故调查及处理、燃气管道常见破坏案例分析。

　　在编写过程中，华润股份有限公司彭知军提供了大量案例素材，并指导编写工作、审阅书稿，在此表示衷心感谢！因编者水平有限，书中难免存在不妥之处，敬请读者批评指正。

目　录

第一章　城镇燃气管道
相关知识介绍

第一节　城镇燃气基本知识

《城镇燃气设计规范（2020 年版）》GB 50028—2006 第 2.0.1 条对城镇燃气的定义是，从城市、乡镇或居民点中的地区性气源点，通过输配系统供给居民生活、商业、工业企业生产、采暖通风和空调等各类用户公用性质的，且符合本规范燃气质量要求的可燃气体。城镇燃气一般包括天然气、液化石油气和人工煤气。

《城镇燃气工程基本术语标准》GB/T 50680—2012 第 2.1.1 条对城镇燃气的定义是，符合城镇燃气质量要求，供给居民生活、商业、建筑采暖制冷、工业企业生产以及燃气汽车的气体燃料。

《城镇燃气分类和基本特性》GB/T 13611—2018 第 3.1 条对城镇燃气的定义是，符合规范的燃气质量要求，供给居民生活、商业（公共建筑）和工业企业生产作燃料用的公用性质的燃气。城镇燃气一般包括人工煤气、天然气、液化石油气、液化石油气混空气、二甲醚、沼气。

本书简要介绍天然气、液化石油气和人工煤气。

一、人工煤气

以煤或油（轻油、重油）或液化石油气、天然气等为原料转化制取的，且符合现行国家标准《人工煤气》GB/T 13612 质量要求的可燃气体，作为居民生活、工业企业生产的燃料，称为人工煤气。人工煤气的主要成分为烷烃、烯烃、芳烃、一氧化碳和氢气等可燃气体，并含有少量的二氧化碳和氮气等不可燃气体。人工煤气中含有一氧化碳，发生泄漏时，吸入一定量会导致吸入者中毒。

（一）人工煤气的分类

人工煤气根据制气原料和制气方法的不同，可大致分为油制气、煤制气和高炉煤气。

（二）人工煤气的重要性质参数

1. 密度和相对密度

焦炉煤气主要由碳氢化合物和氢气组成，常压下焦炉煤气密度为 $0.4686 kg/m^3$，相对密度为 0.3623。

2. 着火温度

焦炉煤气的着火温度为 600～650℃。

3. 燃烧温度

焦炉煤气的理论燃烧温度为 1998℃。

4. 火焰传播速度

由于氢气的热传导系数大，人工煤气的火焰传播速度较快，约为 1.5m/s。

5. 热值

焦炉煤气的低位热值为 17.9MJ/m³。

6. 爆炸极限

主要人工煤气的爆炸极限如表 1-1 所示。

主要人工煤气的爆炸极限（空气中体积%）   表 1-1

爆炸上限和爆炸下限	焦炉煤气	高炉煤气	水煤气	催化油制气	热裂油制气
爆炸下限	4.5	4.9	6.2	4.7	3.7
爆炸上限	35.8	40.9	70.4	42.9	25.7

注：上表中所列为各类型人工煤气常见爆炸极限，随着各组分含量不同，其爆炸极限也会变化。

二、天然气

天然气是指动物、植物遗体通过生物、化学及地质变化作用，在不同条件下生成、转移，并在一定压力下储集，埋藏在深度不同的地层中的优质可燃气体。

天然气是由多种可燃和不可燃气体组成的混合气体。以低分子饱和烃类气体为主，并含有少量非烃类气体。在烃类气体中，甲烷占绝大部分，乙烷、丙烷、丁烷、戊烷含量不多。另外，含有的少量非烃类气体，一般有一氧化碳、二氧化碳、氮气、氢气、硫化氢、水蒸气及微量的惰性气体氦、氩等。

（一）天然气的分类

天然气分类的方法很多，比较常见的是按矿藏特点、烃类组成、酸气含量以及储运方式划分。

1. 按天然气的矿藏特点可分为气田气、石油伴生气、凝析气田气和矿井气等。

2. 按天然气的烃类组成可分为干气、湿气，贫气、富气。

3. 按天然气的酸气含量可分为酸性天然气和净气。

4. 按天然气的储运方式可分为管道天然气、压缩天然气、液化天然气。

5. 天然气按成因一般分为三类：与石油共生的叫油型气（石油伴生气）；与煤共生的叫煤成气（煤型气）；有机质被细菌分解发酵生成的叫沼气。

（二）天然气的重要性质参数

1. 密度和相对密度

天然气密度是指单位体积天然气的质量。天然气的密度不仅取决于天然气的组成，还取决于其所处的压力和温度状态。天然气相对密度是指在相同压力和温度下天然气的密度与空气密度之比，这是一个无量纲的量。

常温、常压下甲烷的密度为 $0.7174kg/m^3$，相对密度为 0.5548。天然气的密度一般为 $0.75\sim0.8kg/m^3$，相对密度一般为 $0.58\sim0.62$。

2. 着火温度

甲烷的着火温度为 540℃。天然气的着火温度通常为 537～750℃，天然气的最小点火能为 $0.31J$。

3. 燃烧温度

甲烷的理论燃烧温度为 1970℃。天然气的理论燃烧温度可达到 2030℃。

4. 火焰传播速度

甲烷的最大燃烧速度为 $0.38m/s$。可近似地认为天然气的火焰传播速度为 $0.38m/s$。

5. 热值

标准状况下，$1m^3$（或 $1kg$）燃气完全燃烧所放出的热量称为燃气的热值，属于物质的特性，符号是 q，单位是焦耳每立方米，符号是 J/m^3。热值有高位热值和低位热值两种。高位热值（高发热量）是指标准状况下，$1m^3$（或 $1kg$）燃气完全燃烧，包括水蒸气潜热在内的发热量。低位热值（低发热量）是指标准状况下，$1m^3$（或 $1kg$）燃气完全燃烧，不包括水蒸气潜热在内的发热量。燃气的高位热值在数值上大于其低位热值，差值为水蒸气潜热。

日本和大多数北美国家习惯使用燃气的高位热值，我国和大多数欧洲国家习惯使用低位热值。

6. 爆炸极限

可燃气体与空气的混合物遇明火引起爆炸的可燃气体浓度范围称为爆炸极限。爆炸极限是一个范围，包含爆炸上限和爆炸下限。爆炸上限是指可燃气体与空气的混合物遇明火引起爆炸的可燃气体最高浓度；爆炸下限是指可燃气体与空气的混合物遇明火引起爆炸的可燃气体最低浓度。

通常将甲烷的爆炸极限视为天然气爆炸极限，因此天然气的爆炸极限约为5%～15%（5%、15%指的是体积分数）。

7. 露点

露点，又称露点温度，是指饱和蒸汽经冷却或加压，遇到接触面或凝结核便液化成露时的温度。

天然气水露点：在一定压力下，天然气中开始析出水时的温度。水露点越高，越容易析出水，液态的水对管道会造成腐蚀、水堵等影响，当天然气温度低于冰点时，析出的水会结冰，造成冰堵。

三、液化石油气

液化石油气（LPG，Liquefied Petroleum Gas 的缩写）也称为液化气，是开采和炼制石油过程中，作为副产品而获得的一部分碳氢化合物。由炼厂气得到的液化石油气，其主要成分是丙烷、丙烯、丁烷和丁烯，习惯上又称C_3、C_4，即只用烃的碳原子（C）数表示。这些碳氢化合物在常温、常压下呈气态，当压力升高或温度降低时，才转变为液态。从气态转变为液态，其体积约缩小为气态时的1/250。所以，气液两相是液化石油气的特征。

（一）液化石油气的分类

液化石油气按其来源分为炼厂液化石油气和油气田液化石油气。

（二）液化石油气的重要性质参数

1. 密度和相对密度

（1）密度

液化石油气的密度有气体密度和液体密度之分。

对于气体密度，由于液化石油气密度随着温度和压力的变化而变化，表示时必须注明温度和压力条件。气态液化石油气的密度随温度及相应饱和蒸气压的升高而增加。在压力不变的情况下，气态物质的密度随温度的升高而减小。标准状况下液化石油气的气态密度约为$1.9～2.5kg/（N·m^3）$。

对于液体密度，液态液化石油气的密度受温度影响较大，温度升高，密度减小，同时体积膨胀。液化石油气的液态密度一般为$500～600kg/m^3$。

（2）相对密度

液化石油气各组分气态的相对密度是空气的 1.5～2.5 倍。

液态液化石油气的相对密度是指在规定温度下液体的密度与 4℃纯水的密度比值。液态液化石油气的相对密度，随着温度的上升而减小。液态液化石油气的相对密度约为 0.5～0.6，液态液化石油气比水轻。

2. 着火温度

液态液化石油气的着火温度约为 426～537℃。

3. 燃烧温度

当液化石油气利用空气作助燃剂，其理论燃烧温度可达到 1900℃。

4. 火焰传播速度

液化石油气组分以 C_3、C_4 为主，其中丙烷的燃烧速度是 0.82m/s，可将丙烷燃烧速度视为液化石油气的燃烧速度。

5. 热值

由于液化石油气是混合气体，以 C_3、C_4 为主，组分比例不同，会造成不同的热值。

6. 爆炸极限

由于液化石油气的组分比例不同，爆炸极限存在差异。通常所采用的液化石油气的爆炸极限是 1.5%～9.5%。

7. 外观与性状

无色气体或黄棕色油状液体，有特殊臭味。

8. 液化石油气的供应方式

通常有瓶装、管道和槽车三种供应方式。

第二节　城镇燃气管网系统

一、燃气管网的分类

城镇燃气管网是指自门站到用户的全部设施构成的系统，由门站或气源厂压缩机站、储气设施、调压装置、输配管道、计量装置、管理设施、监控系统等组成。

城镇燃气管网可按敷设方式、设计压力、压力级制、管网形状、管道材质、用途等进行分类。

（一）根据敷设方式分类，可以分为埋地燃气管道、架空燃气管道两

7

大类。

（二）根据设计压力分类，按照《城镇燃气设计规范（2020年版）》GB 50028—2006，我国城镇燃气管道按设计压力（P）分为4类7级（表1-2）。

城镇燃气管道设计压力（表压）分级　　　　　　表1-2

名称		压力（MPa）
高压燃气管道	A	2.5＜P≤4.0
	B	1.6＜P≤2.5
次高压燃气管道	A	0.8＜P≤1.6
	B	0.4＜P≤0.8
中压燃气管道	A	0.2＜P≤0.4
	B	0.01≤P≤0.2
低压燃气管道		P＜0.01

（三）根据管网压力级制分类

1. 一级系统：由低压或中压一种压力级别组成的管网输配系统。

2. 二级系统：由低压和中压或低压和次高压两种压力级别组成的管网输配系统。

3. 三级系统：由低压、中压、次高压或高压三种压力级别组成的管网输配系统。

4. 多级系统：由低压、中压、次高压和高压多种压力级别组成的管网输配系统。

（四）根据管网形状分类，可分为枝状管网、环状管网、枝环管网三类。

（五）根据管道材质分类

城镇燃气管道主要使用钢管、铸铁管、聚乙烯管、钢骨架聚乙烯复合管、有色金属管道等。在选择城镇燃气管道的材质时，应综合考虑管道的使用条件（设计压力、温度、介质特性、使用地区等）、材料的焊接性能、施工要求等因素，并满足机械强度、抗腐蚀性、抗震性及严密性等各项基本要求，经技术经济比较后确定。目前铸铁管、钢骨架聚乙烯复合管、有色金属管道已逐步淘汰、替换，本书不再阐述。

1. 不同压力级别选用的管道材质要求

中压和低压燃气管道宜采用聚乙烯管、钢管，并应符合下列要求：

（1）聚乙烯燃气管应符合现行国家标准《燃气用埋地聚乙烯（PE）管道系统　第1部分：管材》GB/T 15558.1和《燃气用埋地聚乙烯（PE）

管道系统 第2部分：管件》GB/T 15558.2 的规定。

（2）钢管采用焊接钢管、镀锌钢管或无缝钢管时，应分别符合现行国家标准《低压流体输送用焊接钢管》GB/T 3091、《输送流体用无缝钢管》GB/T 8163 的规定。

（3）次高压燃气管道应采用钢管，其管材和附件应符合《城镇燃气设计规范（2020 年版）》GB 50028—2006 第 6.4.4 条的要求。地下次高压 B 燃气管道也可采用钢号 Q235B 焊接钢管，并应符合现行国家标准《低压流体输送用焊接钢管》GB/T 3091 的规定。

次高压钢质燃气管道直管段计算壁厚应按《城镇燃气设计规范（2020 年版）》GB 50028—2006 式（6.4.6）计算确定。最小公称壁厚不应小于表 1-3 的规定。

钢质燃气管道最小公称壁厚

表 1-3

钢管公称直径 DN（mm）	最小公称壁厚（mm）
DN100～DN150	4.0
DN200～DN300	4.8
DN350～DN450	5.2
DN500～DN550	6.4
DN600～DN700	7.1
DN750～DN900	7.9
DN950～DN1000	8.7
DN1050	9.5

高压燃气管道选用的钢管，应符合现行国家标准《石油天然气工业管线输送系统用钢管》GB/T 9711 和《输送流体用无缝钢管》GB/T 8163 的规定，或符合不低于上述两项标准相应技术要求的其他钢管标准。三级和四级地区高压燃气管道材料钢级不应低于 L245。

2. 不同材质的燃气管道的特点

（1）钢管

钢管适用于各种压力级别的城镇燃气管道和制气厂的工艺管道。常用的钢管有无缝钢管和焊接钢管，具有承载应力大、可塑性好、气密性好、便于焊接的优点。与其他管材相比，壁厚较薄、节省金属用量，但耐腐蚀性较差，必须采取可靠的防腐措施。钢管的使用年限约为 30 年。

1）无缝钢管

无缝钢管采用普通碳素钢、优质碳素钢、低合金钢轧制而成。按制造方法又分为热轧无缝钢管和冷轧（冷拔）无缝钢管。冷轧（冷拔）无缝钢管有外径 5～200mm 的各种规格。热轧（热拔）无缝钢管有外径 32～600mm 的各种规格。

2）有缝钢管

有缝钢管又称焊接钢管，其品种有低压流体输送用焊接钢管、钢板卷制直缝电焊钢管和螺旋缝焊接钢管。

低压流体输送用焊接钢管。此种钢管用焊接性较好的低碳钢制造，它属于直焊缝钢管，常用管径为 6～150mm。按表面质量分为镀锌（俗称白铁管）和不镀锌（俗称黑铁管）两种。按出厂壁厚不同分为普通钢管（适用于 $P \leqslant 1.0$MPa）和加厚钢管（适用于 $P \leqslant 1.6$MPa），两种都可用于燃气工程。按管端有无连接螺纹分为带螺纹管和不带螺纹管两种。带螺纹白铁管和黑铁管长度为 4～9m，不带螺纹的黑铁管长度为 4～12m。

钢板卷制直缝电焊钢管。此种焊接钢管用中厚钢板采用直缝卷制，用电弧焊方法焊接而成。钢板卷制直缝电焊钢管的最小外径为 159mm。

螺旋缝焊接钢管。此种钢管一般用带钢采用螺旋卷制后焊接而成，钢号一般采用普通碳素钢（Q235）、低合金结构钢（16Mn）等。

在选用钢管时，当直径在 150mm 以下时，一般采用低压流体输送用焊接钢管；大口径管道多采用螺旋焊接钢管。管道壁厚应视埋设地点、土壤性质和交通荷载等加以选择，要求不小于 3.5mm，如在街道红线内则不小于 4.5mm。当管道穿越重要障碍物以及土壤腐蚀性较强的地段，壁厚应不小于 8mm。户内管的壁厚不小于 2.75mm。

（2）聚乙烯管

聚乙烯管具有耐腐蚀、质轻、流体流动阻力小、施工简便、费用低、气密性好、接口少、可盘卷、使用寿命长等优点。但机械强度较低，使用年限约为 50 年。

我国目前用于燃气管道的聚乙烯管的最大工作压力多为 0.4MPa，在少数国家达到 0.6MPa。由于聚乙烯管的刚性不如钢管，且容易老化，所以敷设管道时必须避免日晒雨淋，保证埋深，同时做好管道保护，避免管道划伤。

聚乙烯燃气管道严禁明设。

（3）其他管材

燃气管道有时还可以使用有色金属管材，如铜管和铝管。室内管道还可以使用铝质软连接管、铝塑复合管、不锈钢波纹软管、金属包覆软管。

（六）按用途分类

1. 长距离输气管线。连接产量巨大的天然气田或人工燃气与用气地区的输气管线，其干管及支管的末端连接城镇或大型工业企业，作为该供气区的气源点。

2. 城镇燃气管道

（1）分配管道。在供气地区将燃气分配给工业企业用户、商业用户和居民用户的管道，包括街区和庭院的燃气分配管道。

（2）用户引入管。将燃气从分配管道引到用户室内引入口处总阀门前的管道。

（3）室内燃气管道。通过用户管道引入口的总阀门将燃气引向室内，并分配到每个燃气用具的管道。

3. 工业企业燃气管道

（1）工厂引入管和厂区燃气管道。将燃气从城镇燃气管道引入工厂，分送到各用气车间。

（2）车间燃气管道。从车间的管道引入口将燃气送到车间内各个用气设备（如窑炉）。车间燃气管道包括干管和支管。

（3）炉前燃气管道。从支管将燃气分送给炉上各个燃烧设备。

二、城镇燃气管网采用不同压力级制的原因

城镇燃气管网不仅应保证不间断地、可靠地给用户供气，保证系统运行管理安全，维修简便，而且应考虑在检修或发生故障时，关断某些部分管段而不致影响其他系统的工作。因此，在城镇燃气管网系统中，选用不同压力级制有以下原因：

（一）经济性

大部分燃气由较高压力的管道输送，管道的管径可以选得小一些，管道单位长度的压力损失可以选得大一些，以节省管材。如由城市的某一地区输送大量燃气到另一地区，则应采用较高的压力才会比较经济合理。有时对城市里的大型工业企业用户，可敷设压力较高的专用输气管线。当然管网内燃气的压力增高后，输送燃气所消耗的能量也随之增加。

（二）各类用户对燃气压力的不同需求

如居民用户和小型公共建筑用户需要低压燃气，而大多数工业企业则需要中压或次高压燃气，甚至高压燃气。

（三）消防安全要求

在城市未改建的老区，建筑物比较密集，街道和人行道都比较狭窄，不宜敷设高压或中压 A 管道。此外，由于人口密度较大，从安全运行和方便管理的观点看，也不宜敷设高压或中压 A 管道，而只能敷设中压 B 和低压管道。同时大城市的燃气输配系统的建造、扩建和改建过程是要经过许多年的，所以在城市的老区原先设计的燃气管道的压力，大多比近期建造的管道的压力低。

三、燃气管网系统的选择

城镇燃气输配系统压力级制的选择，应根据燃气供应来源、用户的用气量及其分布、地形地貌、管材设备供应条件、施工和运行条件、现实状况和长远规划等因素，经过多方案比较，择优选取技术可行、经济合理、安全可靠的方案。

无论是原有的城市还是新建的城市，在选择燃气输配管网系统时，应考虑许多因素，其中最主要的因素有：

（一）气源情况：燃气的种类和性质；供气量和供气压力；气源的发展或更换气源的规划情况。

（二）城市规模：城市功能特征；人口密度；居民用户、工业用户、公共建筑用户分布情况；建筑特点；街区和道路的现状和规划；城市近、中、长期发展战略和目标；城市远景规划情况。

（三）原有的城市燃气供应、输配系统设施情况。

（四）对不同类型用户的供气方针、气化率及不同类型的用户对燃气压力的要求。

（五）用气的工业企业大型用户的数量和特点。

（六）储气设备的类型与数量。

（七）城市的地理地形环境和条件；气候条件；敷设燃气管道时将遇到的各种障碍物（如河流、湖泊、铁路、公路等）的情况。

（八）城市地下管线和地下建筑物、构筑物的现状和改建、扩建规划。

规划和设计城市燃气管网系统时，应综合考虑上述诸因素，从而提出数个方案进行技术经济比较，选用经济合理的最佳方案。方案的比较必须在技术指标和工作可靠性相同的基础上进行。

四、燃气管道的相关建设要求

（一）室外地下燃气管道的埋深要求

室外地下燃气管道埋设的最小覆土厚度（路面至管顶）应符合下列要求，当不能满足下列要求时，应采取有效的安全防护措施。

1. 埋设在机动车道下时，不得小于0.9m；

2. 埋设在非机动车车道（含人行道）下时，不得小于0.6m；

3. 埋设在机动车不可能到达的地方时，钢管不得小于0.3m，聚乙烯燃气管不得小于0.5m；

4. 埋设在水田下时，不得小于0.8m；

5. 燃气管道穿越河底时，燃气管道至河床的覆土厚度，应根据水流冲刷条件及规划河床确定。对不通航河流不应小于0.5m；对通航的河流不应小于1.0m，还应考虑疏浚和投锚深度；

6. 输送湿燃气的燃气管道，应埋设在土壤冰冻线以下。

（二）压力不大于1.6MPa的室外燃气管道与建筑物、构筑物或相邻管道之间的水平和垂直净距

1. 地下燃气管道与建筑物、构筑物或相邻管道之间的水平净距，不应小于表1-4的规定，地下燃气管道与构筑物或相邻管道之间的垂直净距，不应小于表1-5的规定。

地下燃气管道与建筑物、构筑物或相邻管道之间的水平净距（m）　　表1-4

项目		地下燃气管道				
		低压	中压		次高压	
		<0.01MPa	≤0.2MPa	≤0.4MPa	=0.8MPa	=1.6MPa
建筑物	基础	0.7	1.0	1.5	—	—
	外墙面（出地面处）	—	—	—	5	13.5
给水管		0.5	0.5	0.5	1.0	1.5
污水、雨水排水管		1.0	1.2	1.2	1.5	2.0
电力电缆（含电车电缆）	直埋	0.5	0.5	0.5	1.0	1.5
	在导管内	1.0	1.0	1.0	1.0	1.5
通信电缆	直埋	0.5	0.5	0.5	1.0	1.5
	在导管内	1.0	1.0	1.0	1.0	1.5
其他燃气管道	DN≤300mm	0.4	0.4	0.4	0.4	0.4
	DN>300mm	0.5	0.5	0.5	0.5	0.5

续表

项目		地下燃气管道				
		低压	中压		次高压	
		<0.01MPa	≤0.2MPa	≤0.4MPa	=0.8MPa	=1.6MPa
热力管	直埋	1.0	1.0	1.0	1.5	2.0
	在管沟内（至外壁）	1.0	1.5	1.5	2.0	4.0
电杆（塔）的基础	≤35kV	1.0	1.0	1.0	1.0	1.0
	>35kV	2.0	2.0	2.0	5.0	5.0
通信照明电杆（至电杆中心）		1.0	1.0	1.0	1.0	1.0
铁路路堤坡脚		5.0	5.0	5.0	5.0	5.0
有轨电车钢轨		2.0	2.0	2.0	2.0	2.0
街树（至树中心）		0.75	0.75	0.75	1.2	1.2

地下燃气管道与构筑物或相邻管道之间的垂直净距（m）　　　　表 1-5

项目		地下燃气管道（当有套管时，以套管计）
给水管、排水管或其他燃气管道		0.15
热力管的管沟底（或顶）		0.15
电缆	直埋	0.50
	在导管内	0.15
铁路轨底		1.20
有轨电车（轨底）		1.00

（1）当次高压燃气管道压力与表 1-4、表 1-5 中数据不相同时，可采用直线方程内插法确定水平净距和垂直净距。

（2）如受地形限制不能满足表 1-4 和表 1-5 要求时，经与有关部门协商，采取有效的安全防护措施后，表 1-4 和表 1-5 规定的净距，均可适当缩小。但低压管道不应影响建（构）筑物和相邻管道基础的稳固性，中压管道距建筑物基础不应小于 0.5m，且距建筑物外墙面不应小于 1m，次高压燃气管道距建筑物外墙面不应小于 3.0m。其中当对次高压 A 燃气管道采取有效的安全防护措施或当管道壁厚不小于 9.5mm 时，管道距建筑物外墙面不应小于 6.5m；当管壁厚度不小于 11.9mm 时，管道距建筑物外墙面不应小于 3.0m。

（3）表 1-4 和表 1-5 规定除地下燃气管道与热力管道的净距不适于聚乙烯燃气管道和钢骨架聚乙烯塑料复合管外，其他规定均适用于聚乙烯燃气管道和钢骨架聚乙烯塑料复合管道。聚乙烯燃气管道与热力管道的净距应按现行行业标准《聚乙烯燃气管道工程技术标准》CJJ 63 执行。

聚乙烯燃气管道和钢骨架聚乙烯塑料复合管道与热力管道之间的水平净距和垂直净距，不应小于表 1-6 和表 1-7 的规定，并应确保燃气管道周围土壤温度不高于 40℃。当直埋蒸汽热力管道保温层外壁温度不高于60℃时，水平净距可减半。

聚乙烯燃气管道和钢骨架聚乙烯塑料复合管道与热力管道之间的水平净距　表 1-6

项目			地下燃气管道（m）			
			低压	中压		次高压
				B	A	B
热力管	直埋	热水	1.0	1.0	1.0	1.5
		蒸汽	2.0	2.0	2.0	3.0
	在管沟内（至外壁）		1.0	1.5	1.5	2.0

聚乙烯燃气管道和钢骨架聚乙烯塑料复合管道与热力管道之间的垂直净距　表 1-7

项目		燃气管道（当有套管时，从套管外径计）（m）
热力管	燃气管在直埋管上方	0.5（加套管）
	燃气管在直埋管下方	1.0（加套管）
	燃气管在管沟上方	0.2（加套管）或 0.4
	燃气管在管沟下方	0.3（加套管）

（4）地下燃气管道与电杆（塔）基础之间的水平净距，还应满足表 1-8的净距要求。

地下燃气管道与电杆（塔）基础之间的水平净距（m）　　　　表 1-8

电压等级（kV）	10	35	110	220
铁塔或电杆接地体	1	3	5	10
电站或变电所接地体	5	10	15	30

2. 架空燃气管道与铁路、道路、其他管线交叉时的垂直净距，不应小于表 1-9 的规定。

架空燃气管道与铁路、道路、其他管线交叉时的垂直净距　　　　表 1-9

建筑物和管线名称	最小垂直净距（m）	
	燃气管道下	燃气管道上
铁路轨顶	6.0	—
城市道路路面	5.5	—
厂区道路路面	5.0	—
人行道路面	2.2	—

续表

建筑物和管线名称		最小垂直净距（m）	
		燃气管道下	燃气管道上
架空电力线，电压	3kV 以下	—	1.5
	3～10kV	—	3.0
	35～66kV	—	4.0
其他管道，管径	≤300mm	同管道直径，但不小于 0.10	同管道直径，但不小于 0.10
	>300mm	0.30	0.30

（1）厂区内部的架空燃气管道，在保证安全的情况下，管底至道路路面的垂直净距可取 4.5m；管底至铁路轨顶的垂直净距可取 5.5m。在车辆和人行道以外的地区，可在从地面到管底高度不小于 0.35m 的低支柱上敷设燃气管道。

（2）电气机车铁路除外。

（3）架空电力线与燃气管道的交叉垂直净距尚应考虑导线的最大垂度。

（4）中压和低压燃气管道，可沿建筑耐火等级不低于二级的住宅或公共建筑的外墙敷设；次高压B、中压和低压燃气管道，可沿建筑耐火等级不低于二级的丁类、戊类生产厂房的外墙敷设。

（三）压力大于 1.6MPa 的室外燃气管道与建筑物、构筑物或相邻管道之间的水平净距和垂直净距

1. 城镇燃气管道地区等级划分

城镇燃气管道通过的地区，应按沿线建筑物的密集程度划分为四个管道地区等级，并依据管道地区等级作出相应的管道设计。城镇燃气管道地区等级的划分应符合下列规定：

（1）沿管道中心线两侧各 200m 范围内，任意划分为 1.6km 长并能包括最多供人居住的独立建筑物数量的地段，作为地区分级单元。在多单元住宅建筑物内，每个独立住宅单元按一个供人居住的独立建筑物计算。

（2）管道地区等级应根据地区分级单元内建筑物的密集程度划分，并应符合下列规定：

1）一级地区：有 12 个或 12 个以下供人居住的独立建筑物。

2）二级地区：有 12 个以上、80 个以下供人居住的独立建筑物。

3）三级地区：介于二级和四级之间的中间地区。有 80 个和 80 个以上供人居住的独立建筑物但不够四级地区条件的地区、工业区或距人员聚

集的室外场所 90m 内铺设管线的区域。

4）四级地区：4 层或 4 层以上建筑物（不计地下室层数）普遍且占多数、交通频繁、地下设施多的城市中心城市（或镇的中心区域等）。

（3）二级、三级、四级地区的长度应按下列规定调整：

1）四级地区垂直于管道的边界线距最近地上 4 层或 4 层以上建筑物不应小于 200m。

2）二级、三级地区垂直于管道的边界线距该级地区最近建筑物不应小于 200m。

（4）确定城镇燃气管道地区等级，宜按城市规划为该地区的今后发展留有余地。

2. 一级或二级地区地下燃气管道与建筑物之间的水平净距不应小于表 1-10 的规定。

一级或二级地区地下燃气管道与建筑物之间的水平净距（m）　　表 1-10

燃气管道公称直径 DN（mm）	地下燃气管道压力		
	1.61MPa	2.5MPa	4MPa
900＜DN≤1050	53	60	70
750＜DN≤900	40	47	57
600＜DN≤750	31	37	45
450＜DN≤600	24	28	35
300＜DN≤450	19	23	28
150＜DN≤300	14	18	22
DN≤150	11	13	15

（1）当燃气管道强度设计系数不大于 0.4 时，一级或二级地区地下燃气管道与建筑物之间的水平净距可按表 1-11 确定。

（2）水平净距是指管道外壁到建筑物出地面处外墙面的距离。建筑物是指平常有人的建筑物。

（3）当燃气管道压力与表 1-10 中的数据不相同时，可采用直线方程内插法确定水平净距。

3. 三级地区地下燃气管道与建筑物之间的水平净距不应小于表 1-11 的规定。

（1）当对燃气管道采取有效的保护措施时。$\delta＜9.5$mm 的燃气管道也可采用表 1-11 中 B 行的水平净距。

（2）水平净距是指管道外壁到建筑物出地面处外墙面的距离。建筑物是指平常有人的建筑物。

（3）当燃气管道压力与表1-11中的数据不相同时，可采用直线方程内插法确定水平净距。

三级地区地下燃气管道与建筑物之间的水平净距（m）　　　　表 1-11

燃气管道公称直径和壁厚 δ（mm）	地下燃气管道压力		
	1.6MPa	2.5MPa	4MPa
A 所有管径 $\delta<9.5$	13.5	15	17.0
B 所有管径 $9.5<\delta<11.9$	6.5	7.5	9.0
C 所有管径 $\delta\geqslant11.9$	3.0	5.0	8

4. 高压地下燃气管道与构筑物或相邻管道之间的水平和垂直净距，不应小于表1-4次高压和表1-5的规定。但高压A和高压B地下燃气管道与铁路路堤坡脚的水平净距分别不应小于8m和6m；与有轨电车钢轨的水平净距分别不应小于4m和3m。当达不到本条净距要求时，采取有效的防护措施后，净距可适当缩小。

5. 四级地区地下燃气管道输配压力不宜大于1.6MPa（表压）。其设计应遵守《城镇燃气设计规范（2020年版）》GB 50028—2006中第6.3节的有关规定。四级地区地下燃气管道输配压力不应大于4.0MPa（表压）。高压燃气管道的布置应符合下列要求：

（1）高压燃气管道不宜进入四级地区。

（2）当受条件限制需要进入或通过四级地区时，应遵守下列规定：

1）高压A地下燃气管道与建筑物外墙面之间的水平净距不应小于30m（当管壁厚度 $\delta\geqslant9.5$mm或对燃气管道采取有效的保护措施时，不应小于15m）；

2）高压B地下燃气管道与建筑物外墙面之间的水平净距不应小于16m（当管壁厚度 $\delta\geqslant9.5$mm或对燃气管道采取有效的保护措施时，不应小于10m）；

3）管道分段阀门应采用遥控或自动控制。

第二章　城镇燃气埋地管道及附属设施的巡查

第一节　巡查工作要求

城镇燃气埋地管道及附属设施经验收合格后，进行实物移交和竣工资料移交，工程移交后，燃气管网运行管理单位将其纳入监管范围，进行运行管理。

燃气企业应配备巡检人员，建立相关管理制度，明确燃气管道巡查周期，并应作好巡查记录，在巡查中发现问题应及时上报并采取有效的处理措施。建立管网巡检信息系统的，应制定管网巡检信息系统运行维护管理制度，确保系统发挥应有作用。

一、巡查的目的及意义

巡查，顾名思义就是对管线进行巡视检查，绝大多数管网隐患是由巡查人员发现和报告的，因此，管网巡查工作的重要性不言而喻。对于燃气经营企业来说，巡查是燃气管网日常生产工作中最常用的工作手段，巡查工作的质量直接关系到燃气管网的安全稳定运行。

由于城市燃气管网遍布市区的大街小巷、各家各户，分布面广且零散，隐藏的不安全因素多，一旦发生事故，影响很大。在使用过程中，随着使用年限的增长，管道的腐蚀也日益严重，腐蚀穿孔现象时有发生，同时第三者破坏造成燃气泄漏、发生事故也时有发生。巡查工作是燃气管网安全运行的重要保障，避免、减少此类事故的发生，保护居民用户和燃气公司财产不受损失是当前安全运行管理的重中之重。

燃气管网巡查就是由燃气经营企内部业员工或委托第三方机构劳务人员采取骑车或徒步形式沿着运行管网进行检查和维护工作。巡查人员通过肉眼观察或专用仪器检查，发现是否存在可燃气体泄漏、管道裸露、违章建（构）筑物占压、安全间距不足、野蛮施工等情况。对发现的问题或隐患进行综合风险分析并及时汇报，详细记录隐患、事件相关信息，及时跟进隐患或事件的处置进展，从而达到管网巡查的目的。

二、巡查要求

城镇燃气埋地管道及附属设施的巡查应遵循"全覆盖"与"重点突出"的原则。全覆盖原则是指日常巡查须覆盖所有管理权在燃气企业的燃气管线及其附属设施，重点突出原则是指对不同级别的管线，其巡查周期、巡查重点应有所不同，在保证安全的情况下合理分配资源。

巡查可分为快速巡查、日常巡查两类，快速巡查主要预防第三方破坏及阀门井盖丢失或者阀井被占压、掩埋，快速巡查可只在特定区域内实施。日常巡查除包含快速巡查内容外，还应包含管线是否被占压、调压设施外观及周边环境是否符合要求、阴极保护测试桩外观是否良好等情况。快速巡查宜每天一次（市政中压以上）。

（一）巡查应做到定时、定线、定点、定量、定责：

1. 定时：即在规定时段内完成规定的任务；

2. 定线：既按照计划路线巡查；

3. 定点：即每次巡查必须到达的位置点；

4. 定量：即按照既定计划，完成当天的巡查内容；

5. 定责：即巡查员对巡查质量负责。

（二）巡查发现管线及附属设施存在泄漏时，巡查人员应及时上报、作好记录，并按照职责或者上级的要求做好现场处理或配合工作。

（三）巡查发现在管线及附属设施的安全保护范围内有施工作业时，巡查人员要按照第三方施工监护程序要求进行对接，核实燃气管道位置，签订保护协议以及张贴安全宣传标语、海报等。

巡查人员在巡查的同时，应向沿线施工单位、居民、群众发放安全宣传资料，讲解燃气安全常识，提高群众的安全意识。安全宣传资料发放应有记录，并方便查询。

（四）巡查发现建（构）筑物存在违章占压燃气设施时，应及时向违章建（构）筑物的产权单位或所有人送达《违章整改通知书》，并作好签收等有关记录。隐患管理部门应与违章单位（或个人）、政府相关部门积极沟通协调，督促尽快整改。在整改之前，纳入《隐患管理台账》管理，加强现场巡查和检测。

（五）对电缆同沟、箱式变压器占压、安全间距不足等安全隐患以及运行状况不良的管线，巡查人员应作好记录并及时上报，隐患管理部门应将其纳入《隐患管理台账》管理，加强巡查和检测。

（六）巡查发现管线及附属设施存在损坏或其他安全隐患时，巡查人员应作好记录，巡查主管（或负责人）应及时上报维修。

（七）在地震、暴雨、大风或其他恶劣天气过后，应及时对燃气管线及附属设施进行巡查。

（八）新管线投运后，及时纳入正常巡查管线目录清单内。

（九）巡查人员应将每天发现的安全隐患及第三方施工信息汇总上报，由巡查部门审核，汇总形成巡查部门《隐患管理台账》与《巡查日志》，对本部门无法处理的问题及时上报处理。

（十）巡查部门应每天汇总、统计巡查人员的记录、报表等，形成巡查日志并适时更新隐患管理台账，主管或负责人需审核日志，并视情况修订、调整巡查计划。

（十一）巡查部门应定期对巡查质量进行检查、考核，考核结果与员工收入挂钩。

第二节　巡查人员要求

一、燃气管网巡查人员从业资格条件

（一）持证要求：须按相关规定，经专业知识培训，取得《燃气行业从业人员专业培训考核合格证》等相关证书后，方可从事城镇燃气管网巡查工作；

（二）熟悉《中华人民共和国安全生产法》《城镇燃气管理条例》（国务院令第 583 号）等相关法律法规；

（三）熟悉现行行业标准《城镇燃气设施运行、维护和抢修安全技术规程》CJJ 51、现行国家标准《城镇燃气设计规范（2020 年版）》GB 50028、现行行业标准《聚乙烯燃气管道工程技术标准》CJJ 63、现行国家标准《城镇燃气输配工程施工及验收标准》GB/T 51455、《燃气工程项目规范》GB 55009 等相关技术规范、技术文件；

（四）严格遵守安全生产规章制度和设备操作规程；

（五）严格执行岗位应急处置预案；

（六）责任心强、工作认真负责，服从安排、听从指挥。

二、燃气管网巡查工岗位职责

（一）严格遵守国家有关安全生产管理规定；

（二）熟悉与行业有关的法律法规、技术规范和标准；

（三）严格执行企业的各项规章制度和岗位操作规范；

（四）定期对管道进行全面的巡查，每次巡查结束必须如实作好记录，发现不安全因素或事故隐患应立即向上级管理部门汇报并及时处理；

（五）按要求对管道及其附属设施进行维护保养；

（六）按要求对管道周边的第三方施工做好巡查和监护工作；

（七）按要求参加公司的各类安全生产活动；

（八）发生事故时按单位事故应急预案规定，认真履行职责；

（九）加强业务知识和安全技能学习，提高专业技术水平和应急处置能力；

（十）定期向管道沿线群众宣传燃气管道安全运行知识和维护管理知识；

（十一）完成领导交办的其他临时性工作。

第三节　巡查级别划分

一、燃气管网巡查分级的目的

根据城镇燃气管网压力等级、材质、位置、周边环境、腐蚀与运行情况、第三方施工情况等因素，对燃气管网进行分级巡查管理，可以突出重点部位和设备，在运行过程中根据运行反馈进行动态调整，从而做到有的放矢，降低人力运行成本，减少或避免第三方施工损坏事故的发生，将隐患时刻处于动态监管之中，从源头消除安全事故的萌芽，为管网安全稳定运行奠定基础。

二、燃气管网巡查分级标准

管网巡查级别可根据管网供气客户类别、管网在役年限、管网材质、管网周边情况、安全评估结果等划分，以下管段应列为高级别巡查范畴：

1. 安全控制范围内从事绿化、挖掘、打桩、顶进、钻探、开路口、爆破等施工活动，且未签订《保护协议》。

2. 安全保护范围内从事人工挖掘、重车碾压、顶进、开路口等施工活动。

3. 老旧管网以及存在管网占压、管材质量问题等高风险安全隐患。

4. 穿跨越高速公路、铁路及河流地段、学校、城市综合体、大型工业用户等燃气泄漏后可能对公众和环境造成较大不良影响的区域。

5. 新投入运行、漏气或抢修后修复的管线在供气 24h 内。

6. 暴雨、台风等恶劣天气时，管道周边存在塌方、滑坡、下陷、裸露等危及安全运行的情况。

其中，新投入运行管线、漏气或抢修后修复的管线在供气后以及已确定巡查级别的管网在原有环境出现变化时，应及时更新调整巡查级别。

表 2-1 为某燃气企业埋地燃气管网分级巡查列表。

某燃气企业埋地燃气管网分级巡查列表　　　　　　　　　　表 2-1

等级	情况分类	巡查周期	相关要求	协调记录
一级	1.1 安全保护范围内从事人工挖掘、重车碾压、顶进、开路口等施工活动。 1.2 安全控制范围内从事绿化、挖掘、打桩、顶进、钻探、开路口、爆破等施工活动，且未签订《保护协议》。 1.3 担负五星级工商用户供气任务的市政主干管（枝状供气）	1次/d 2次/d 1次/d	1.1 巡查人员按 1 次/d 的频次进行巡查；管网运行工程师或安全员按 1 次/d 的频次到场监督，并督促建设单位、施工单位尽快签订《保护协议》。 1.2 巡查人员按 2 次/d 的频次或者现场蹲点进行巡查；管网运行工程师或安全员按 2 次/d 的频次到场监督。 1.3 巡查人员按照 1 次/d 的频次进行巡查，与用户相关负责人建立联系	根据情况至少 1 次/周，工地环境发生变化的必须签订《保护协议》。拒签《保护协议》的现场拍照取证，并及时上报至相关部门和政府职能部门
二级	2.1 新投产、漏气或抢修后修复的管线在供气 24h 内。重点区域在重大节假日期间及前 5 天内、举办各种大型社会活动的场所（如区府礼堂）在活动期间及前 5 天内。 2.2 担负 2000 户及以上供气任务的枝状管道。 2.3 暴雨、台风等恶劣天气时，管道周边存在可能塌方、滑坡、下陷、裸露等危及安全运行的情况。 2.4 安全控制范围内从事绿化、挖掘、打桩、顶进、钻探、开路口、爆破等施工活动	1次/d	2.1 采取步行，巡查人员须按巡检规程进行浓度探测。 2.2 按照 1 次/d 进行巡查。 2.3 管网运行工程师在恶劣天气来临前现场评估风险，并制订防范措施。 2.4 采取摩托车方式巡查	按照 1 次/周签订协调记录
三级	3.1 已建成、通气 6 个月内住宅小区和工业用户的庭院管网，且该区域续建施工范围不在管道安全控制范围内。 3.2 正常运行的市政燃气管道。 3.3 五星级工商用户（如某汽车基地）的庭院管道	1次/2d	3.1 采取自行车方式巡查，询问管理处小区是否有危及管道安全运行的施工活动，如植树、绿化、维修管线等，并签订《小区巡查联系函》（每年一次）；重大节假日前须巡查一次。 3.2 采取自行车方式巡查	无须签订协调记录

等级	情况分类	巡查周期	相关要求	协调记录
四级	4.1　已建成、通气 6 个月以上住宅小区的庭院管网，且该小区没有后续建设。 4.2　已建成、通气 6 个月以上工商业用户的庭院管网，且厂区内没有后续建设	1 次/月	采取自行车方式巡查，询问管理处小区是否有危及管道安全运行的施工活动，如植树、绿化、维修管线等，并签订《燃气管网巡查联系函》（1 次/季度）；重大节假日前须巡查一次；建立联系表（联系人及电话），两次巡查之间应通过电话询问 1 次	无须签订协调记录

第四节　巡查工作实施程序

一、巡查工作流程

管网及附属设施巡查工作主要包括：编制巡查计划、工作准备、巡查实施、隐患报送及统计汇总等，具体如图 2-1 所示。

二、巡查计划编制

管理部门应依据燃气管道的位置、压力级别、材质、地形地貌、季节气候、周围环境及第三方施工活动类型、施工机械等因素定期编制月度/周巡线计划，经审批后执行。巡线计划主要包含等级、情况分类、巡查周期、相关要求和协调记录情况，巡线计划对巡线标准作出明确的要求，对巡线工作具有指导意义。

管理部门应定期走访管道所在区域的交通、市政、水利、通信和住房城乡建设等部门，收集工程的规划和施工信息。

三、巡查前的准备工作

巡查人员在巡查前，应检查巡查物资是否齐全、完整，确认完好后，才能开展巡查工作。物资主要包括以下几个方面：

（一）个人防护用品。主要包括防静电工作服、反光衣、防静电手套、防静电鞋、安全帽；

（二）巡线工（器）具。主要包括 GPS 手持终端、可燃气体检漏仪、

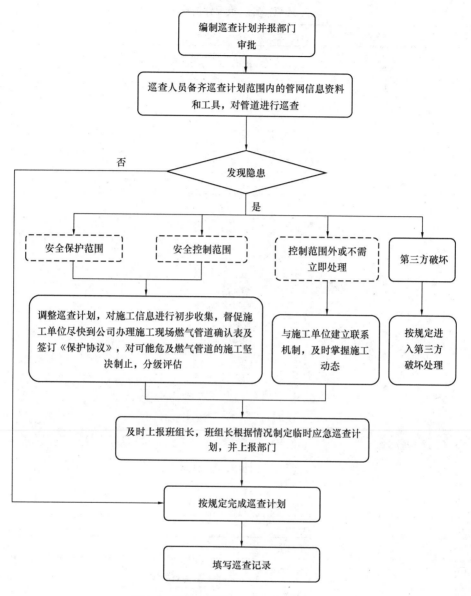

图 2-1 管网及附属设施巡查工作流程图

防爆扳手、调压扳手、调压箱柜钥匙、阀井钩、警示带、防爆手电筒；

（三）法律法规。主要包括《城镇燃气管理条例》（国务院令第 583 号）、现行国家标准《城镇燃气设计规范（2020 年版）》GB 50028 等；

（四）企业内部资料。安全隐患告知单、巡线记录本、管线图等资料；

（五）交通工具。主要以电瓶车、自行车等非机动车为主；

（六）某公司巡查物资配备如表 2-2～表 2-4、图 2-2～图 2-4 所示。

巡查操作工具配置清单 表 2-2

序号	工具名称	型号	规格	数量	备注
1	活动扳手		300mm	1	
2	管钳		300mm	1	
3	两用旋具		300mm	1	
4	卷尺		5m	1	
5	开井盖钩		300mm	1	
6	检测仪	TPI-720B		1	
7	阀门操作杆			1（套）	摩托车配置

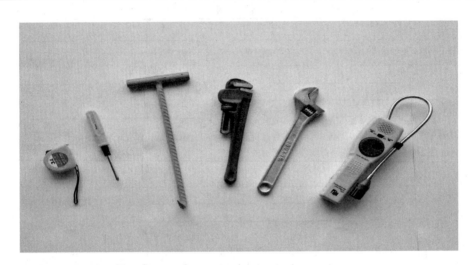

图 2-2 巡查操作工具照片

巡查记录配置清单 表 2-3

序号	工具名称	型号	数量
1	巡查记录表	A4	1
2	安全协调记录表	A4	1
3	告知函	A4	1
4	隐患通知单	A4	1

巡查资料配置清单 表 2-4

序号	工具名称	型号	数量
1	管网区域图	A4	1
2	巡查作业流程与常见问题处理指南		1
3	管网查询及保护协议签订服务指南		1
4	天然气管道保护常识		1
5	燃气管理条例		1

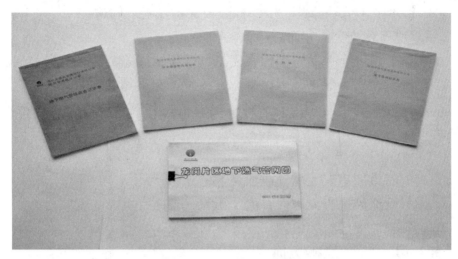

图 2-3 巡查记录本照片

图 2-4 资料

第五节 燃气管网巡查内容

燃气管网巡查人员在巡查过程中，应严格按照燃气设施巡查内容认真巡检。在巡查中发现的问题，应及时上报并采取有效的处理措施，确保燃气管网设施处于安全状态。

一、燃气管网及附件巡查

燃气管网及附件是指燃气管道、出地套管、标志桩、阴极保护测试桩、燃气警示带、信号源井、示踪标线及保护盖板等附件。

（一）地理环境变化方面

1. 燃气管道安全控制范围内有无土壤开裂、塌陷、滑坡等异常现象；

2. 燃气管道安全保护范围内有无堆积垃圾和重物的现象；

3. 燃气管道安全间距内有无种植深根植物和砌筑建（构）筑物等的现象。

（二）周围生态异常方面

1. 燃气管道周边有无燃气或加臭剂的异味；

2. 燃气管道周边有无水面冒泡、积雪、表面有黄斑的现象；

3. 燃气管道周边有无植物枯萎等异常现象。

（三）第三方施工影响方面

1. 燃气管道安全控制范围内有无第三方施工；

2. 工程施工有无造成燃气管道裸露、悬空或损坏等现象；

3. 工程施工有无造成燃气警示带、示踪标线及保护盖板等附件损坏的现象；

4. 工程施工中有无可能导致安全隐患发生的野蛮施工行为。

（四）管网及附件完整性方面

1. 燃气管网及附件有无管道裸露、下沉、松动、丢失或被占压等现象；

2. 出地套管口封堵是否可靠。

（五）燃气用户使用方面

1. 定期向周围单位和用户询问有关燃气管网运行的异常情况；

2. 工程施工过程中有无可能导致安全隐患发生的野蛮施工行为。

（六）架空燃气管道的巡查应包括下列内容

1. 燃气管道支撑、基础不应沉降、倾斜，支吊架不应变形、松动、脱落；

2. 架空燃气管道的警示标志不得脱落、丢失；

3. 防碰撞保护设施牢固；

4. 管道的油漆等外保护层不得有破损、脱落现象。

（七）巡查周期

1. 燃气管网的正常巡查周期一般为 2～7d。

2. 下列情况巡查周期为 1d：

（1）重点区域的燃气管网在重大节假日期间及前 5 天内；

（2）大型社会活动场所的燃气管网在活动期间及前 5 天内；

（3）特殊地段（穿越跨越处、斜坡）燃气管网在暴雨大风等恶劣天气后。

3. 下列情况巡查周期为半天：

管道周围有其他影响（或可能影响）管道安全的工程在其施工期间。

二、燃气设施巡查

燃气设施是指燃气阀门、放散管和远程压力测试仪等本体设施。巡查涉及的工具主要有：井盖钩、扳手、阀门操作杆等，巡查方法包括开盖目视、鼻闻等。

（一）燃气设施本体方面

1. 燃气设施的防腐层有无破损脱落现象；

2. 燃气设施的连接部位有无泄漏现象；

3. 燃气设施本体是否完整、有无变形；

4. 燃气设施挂牌是否齐全准确。

（二）周围环境影响方面

1. 燃气设施周边有无危害安全的占压建（构）筑物；

2. 燃气设施井是否保持清洁，有无积（污）水。

（三）巡查周期

1. 燃气设施的正常巡查周期为每季度一次；

2. 大型社会活动场所附近的燃气设施，在活动期间巡查周期为 1 天 1 次；

3. 大型社会活动场所附近的燃气设施，在活动前 5 天内必须巡查 1 次。

三、燃气管网泄漏检测内容

使用燃气泄漏检测仪（包括车载仪器、手推车载仪器或手持仪器等）对燃气管道上方、燃气设施本体及周边的其他设施进行检测，当同时采用两种以上方法时，应以仪器检测法为主。泄漏检测周期、检测内容和检测方法等应符合现行行业标准《城镇燃气管网泄漏检测技术规程》CJJ/T 215 的有关规定。

（一）检测内容

1. 沿线检测燃气管道的正上方，是否有燃气泄漏；

2. 全面检测燃气管道检测孔及燃气设施，是否有燃气泄漏；

3. 检测燃气管道周边 5m 范围内的其他井、沟和地下空间，是否有燃气泄漏；

4. 列入隐患监控的区域、建筑物、构筑物、密闭空间，打探坑或对附近的井室进行泄漏性测量；

5. 泄漏检测作业时如遇有人反映某处有燃气味，应对该处埋地管线扩大检测范围，特别是加强对周围密闭空间的检测，直至查清原因；

6. 庭院燃气管线还应检测引入管的各个接口及其出入地连接处。

（二）检测周期

根据安全风险等级确定各等级管线的泄漏检测周期。在特殊时间或地点，管线泄漏检测周期可临时适当缩短，以加强对管线的监控。

1. 对安全风险等级最低的管线，其泄漏检测周期应满足下列要求：

（1）聚乙烯管道和设有阴极保护的钢质管道，检测周期不应超过 1 年；

（2）铸铁管道和未设阴极保护的钢质管道，检测周期不应超过半年；

（3）管道运行时间超过设计使用年限的 1/2，检测周期应缩短至原周期的 1/2；

（4）调压箱的检测周期不得超过 3 个月。

2. 埋地管道因腐蚀发生泄漏后，应对管道的腐蚀控制系统进行检查，并应根据检查结果对该区域内腐蚀因素近似的管道原有的检测周期进行调整，加大检测频率。

3. 发生地震、塌方和塌陷等自然灾害后，应立即对所涉及的埋地管道及设备进行泄漏检测，并应根据检测结果对原有的检测周期进行调整，加大检测频率。

4. 新通气的埋地管道应在 24h 内进行泄漏检测；切线、接线的焊口及管道泄漏修补点应在操作完成通气后立即进行泄漏检测。上述两种情况均应在 1 周内进行 1 次复检。

5. 管道附属设施的泄漏检测周期应小于或等于与其相连接管道的泄漏检测周期。

6. 管道附属设施、管网工艺设备在更换或检修完成通气后应立即进行泄漏检测，并应在 24～48h 内进行 1 次复检。

（三）结果处理

1. 当检测到有燃气泄漏时，立即报告管理部门进行处理。

2. 认真填写《地下燃气管网燃气浓度巡检记录表》。

3. 燃气管道腐蚀导致漏气的情况，应加强巡检，建立腐蚀穿孔档案。

（四）泄漏检测仪器

泄漏检测仪器应处于良好的工作状态，且应进行日常维护保养，定期进行校准，校准周期不应超过 1 年。

四、防腐涂层破损检测

检测周期、内容、检测方法等应符合现行国家标准《埋地钢质管道阴极保护技术规范》GB/T 21448。高压、次高压燃气输配管网每 3 年应进行一次防腐层破损检测，中压、低压燃气输配管网每 5 年应进行一次防腐涂层破损检测。在检查中发现管道防腐层发生损伤时，应制定计划进行更换或修补。在役燃气输配管网运行 10 年后，检测周期分别为 2 年和 3 年。

使用管线探测仪、防腐层探测仪等检测钢质地下燃气管道及设施防腐涂层的状况，并根据破损状况进行综合分析。具体操作方式为：采用管线探测仪检测出管道的走向，然后用防腐层探测仪检测防腐层破损点状况。对于仪器无法检测到的管道，可采取开挖探坑的方法检查。

对检测发现的异常点应通过查阅图纸资料及分析判断，排除牺牲阳极接入点等误判点。编制地下燃气管道防腐层检测报告，作为管网安全评估、阴极保护整改和管道更新改造的依据，根据检测报告，制定防腐层破损点修复计划，按计划进行开挖修复。

五、阴极保护系统保护电位检测

检测周期、内容、方法等应符合现行国家标准《埋地钢制管道阴极保护参数测量方法》GB/T 21246 和现行行业标准《城镇燃气埋地钢制管道腐蚀控制技术规程》CJJ 95 的有关规定。在土地情况复杂、杂散电流强、腐蚀严重或人工检查困难的地方，对阴极保护系统的监测可用自动远传监测的方式；

检查内容包括测试桩有无接线脱落、腐蚀及渗水等异常现象，阴极保护系统的检查内容及周期见表 2-5，保护电位未达标的管段，应组织整改，及时修复。

阴极保护系统的检查内容及周期　　　　　表 2-5

项目	内容	检查周期
强制电流系统	（1）检查阴极保护电源运行情况； （2）记录阴极保护电源设备的运行参数	每天
	综合测试强制电流阴极保护系统的性能，宜包括： （1）阴极保护电源运行情况检测； （2）阳极地床的接地电阻测试； （3）阴极保护电源接地系统性能测试； （4）电源设备控制系统检测； （5）电源设备输出电压与输出电流校核	≤6 个月
与外部构筑物的连接 （电阻跨接或者直接跨接）	设备功能的全面测试、电流大小与方向、电位	≤6 个月
长效硫酸铜参比电极	测量与校准参比电极的误差	≤3 个月
安装阴极保护检查片或者 极化探头的测试桩	（1）检查片的 ON/OFF 电位； （2）检查片上的电流	≤3 个月
关键测试桩	测量通电电位	≤6 个月
所有测试桩	测量断电电位	≤3 年
牺牲阳极系统	综合测试牺牲阳极系统，宜包括： （1）输出电流； （2）管地电位； （3）接地电阻； （4）电缆连接的有效性	≤6 个月
所有的电绝缘装置	电绝缘装置的有效性	≤6 个月
防浪涌保护器	防浪涌保护器的有效性	≤6 个月

六、可探示踪信号源检测

可探示踪信号的正常测试周期一般为 6 年 1 次，采用探标仪检测 PE 燃气管道的可探示踪带和电子标签信号，对可探示踪信号异常的管段，应及时组织整改，及时修复。

第六节　管网更新与隐患处理

一、管网更新

埋地燃气管网，应进行安全评估，按照评估情况确定更新改造计划。同一区域埋地燃气管道连续出现腐蚀漏气点，或存在严重安全隐患的管网，应组织进行针对性的安全评估，经过安全评估确认需立即进行整改的管段，应及时组织实施更新。

燃气企业应做好废弃燃气管网及附属设施的处置工作。具备条件的应及时清除废弃的所有燃气输配管网，包括燃气输配管道、燃气输配管网本体设备和燃气输配管网附属设施。不具备条件清除所有废弃燃气输配管网的，应清除所有燃气输配管网本体设备和附属设施及附件，并做好未清除管道的安全处置措施，确保废弃管网中的残余气体无潜在威胁。应建立完整的废除管网资料档案。

二、隐患处理

对巡查发现的安全隐患处理要做到及时发现、及时制止、及时处理、及时报告、及时记录，当事故隐患未查清或隐患未消除，应采取安全措施，直至消除隐患为止。

图 2-5 为隐患上报与整改流程图。

鉴于巡查发现的安全隐患种类及数量较多，同时整改需要投入一定的人力物力，燃气企业应对巡查发现的安全隐患实施分级管理，对安全风险较大的应限期处理完毕，以下隐患应纳入高级别安全隐患，优先处理。

1. 废弃管道与在用管道未有效隔离或仅采用阀门隔离、末端未封堵。

2. 管道、阀门井等燃气设施已损坏。

3. 埋地管道及附属设施存在裸露现象。

4. 燃气管道设施被占压。

（1）燃气管道及设施被建（构）筑物（通信、电力、排污、雨水等管道、井等）占压；

（2）调压箱、阀门井等设施被圈占、掩埋，无法进行维护和作业。

5. 第三方施工。

（1）中压管道 2m 范围内、高压管道 5m 范围内无施工保护方案且采用机械开挖或打桩；

（2）管道周边的爆破施工未制定保护方案。

6. 腐蚀。

（1）燃气管道及设施严重锈蚀，存在泄漏可能；

（2）管网及附属设施泄漏。

7. 塌方。

（1）埋地管道周边存在滑坡、塌方现象；

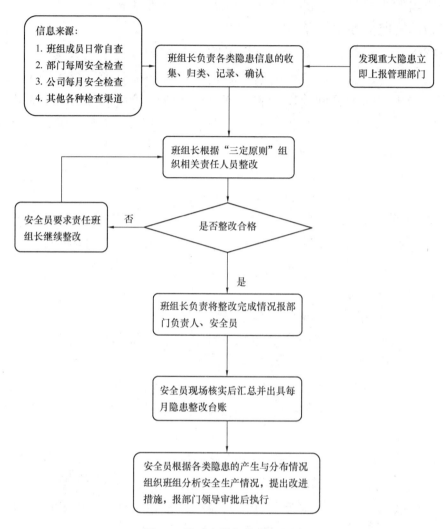

图 2-5　隐患上报与整改流程图

（2）立管周围地质沉降严重。

8. 管道穿越。

（1）埋地管道穿越化粪池；

（2）埋地管道穿越涵洞等地下空间，且未设置套管。

9. 间距不够。

（1）PE 管道与热力管道间距不足且无防护措施；

（2）钢管或铸铁管与雨水、排污管道间距不足；

（3）供水管道与燃气管道间距不足；

（4）调压站、调压柜与建筑物间距不足。

10. 架空管道跨越的基础不稳定。

（1）基础不牢靠或支架不稳定；

（2）架空管道安装在临时建筑物上，如临时围墙。

第七节　填写记录与资料归档

巡查人员按照巡查内容及计划（区域、管段、时限）对管网进行巡查，每完成一项管网或施工现场的巡查内容，须在现场认真填写巡查记录（表）。记录填写要真实、工整、完整，签字确认，不允许涂改。有管网巡检信息系统，需确保账号唯一，识别使用者。

巡查工作结束后，巡查人员须清点装备并整理归位，并定期进行更新、维护保养，按照归档资料清单，见表2-6，对所有资料进行整理归档。

某公司归档资料清单　　　　　　　　　　　　　　表 2-6

序号	表格名称
1	巡查计划表
2	地下管网及设施巡查级别审批表
3	加强巡查任务书
4	地下中压燃气管线巡查记录表
5	地下中压燃气凝水器巡查记录表
6	地下中压燃气阀门巡查记录表
7	安全隐患整改通知单
8	安全协调记录表
9	告知函
10	重点巡查区域工作交底记录
11	施工现场燃气管道及设施确认表
12	输配部安全隐患上报表（队、所）

第八节　附　　件

附件一：某公司燃气管线及附属设施巡查实操考核评分表

见附表2-1。

某公司燃气管线及附属设施巡查实操考核评分表

附表 2-1

评分项目	操作项目	操作内容	评分标准		分值	考核得分
作业前准备	劳动用品	工作服、安全鞋、工作证等穿戴整洁	是否穿工作服； 是否穿防穿刺鞋； 是否带工作证； 是否穿戴整洁	☐☐☐☐	4	
	巡查准备	巡查计划、巡查图纸、车辆备齐	是否带巡查计划； 是否带巡查图纸； 是否备准备车辆	☐☐☐	3	
	资料	告知函、巡查记录表等备齐	是否有告知函； 是否有巡查记录表	☐☐	4	
安全防护	安全防护	正确佩戴安全帽、手套、反光背心	是否戴安全帽； 是否戴手套； 是否穿反光背心； 是否正确佩戴	☐☐	4	
管道及附属设施巡查（口述）	管线及附属设施巡查	管线巡查	(1) 管线周边应检查哪些内容？ (2) 管线安全保护距离内不应有的管道内容？ (3) 对于特殊地段应注意哪些内容？ (4) 管线保护宣传有哪些内容	☐☐	5	
		调压设施巡查	(1) 查锈蚀有哪些内容？ (2) 查损坏有哪些内容？ (3) 查卫生有哪些内容？ (4) 查标示有哪些内容？ (5) 查异常有哪些内容	☐☐	5	
		阀井巡查	(1) 阀井周边环境应检查哪些内容？ (2) 阀井井盖应检查哪些内容？ (3) 阀井编号应检查哪些内容	☐☐	5	

续表

评分项目	操作准备	操作内容	评分标准	分值	考核得分
管道及附属设施巡查（口述）	管线及附属设施巡查	其他附属设施巡查	(1) 阴极保护装置应检查哪些内容? (2) 检查地面标示牌、标示桩是否完好，是否污损、破裂; (3) 管线报废，标示贴是否及时去除; (4) 管线报废，标示桩是否及时去除 ☐☐☐☐	5	
	燃气泄漏现场应急处理方法	巡查发现燃气管线破损、断裂，管线泄漏到地下空间或建构筑物内可能引起燃烧、爆炸时应如何处理	是否回答以下要点: (1) 及时上报损坏情况，紧急情况拨打119 、110; (2) 疏散群众熄灭火源; (3) 做好现场监护等待抢险签字交接，应积极配合抢险; (4) 打开泄漏点周围边地下空间放空 ☐☐☐☐	5	
	原始记录的填写	原始记录的规范填写要求有哪些	是否回答以下要点: (1) 当日工作完成后应及时填写; (2) 原始记录内容应准确; (3) 原始记录内容应详细; (4) 字迹应清晰、工整; (5) 确认无误后应签字，并由组长审核 ☐☐☐☐☐	5	
	图纸的识别	如何识别图纸所画方向	是否回答正确的图纸所画方向 ☐	5	
		如何判定管线、设备及建筑相对应关系	是否根据图例能够正确指出管线、设备及建筑 ☐		

39

续表

评分项目	操作准备	操作内容	评分标准	分值	考核得分
管道及附属设施巡查（口述）	图纸的识别	如何判定自己在图纸上的位置	是否回答如何在现场根据指北针、设备、建筑相对应关系判定自己在图纸上的位置 □	5	
	隐患识别	燃气管线及附属设施常见隐患有哪些内容	是否回答以下要点： (1) 管线裸露； (2) 埋深不足； (3) 锈蚀严重； (4) 建筑占压； (5) 管线及附属设施包裹； (6) 管线及附属设施占压； (7) 附属设施损坏； (8) 防腐层损伤 □□□□□ □□	50	
关键环节	巡查发现燃气管线破损、断裂、管线泄漏到地下空间或建构物内可能引起燃烧、爆炸时未能说出处置方法		否决点：巡查发现燃气管线破损、断裂、管线泄漏到地下空间或建构物内可能引起燃烧、爆炸时未能说出处置方法	一票否决	
合计				100	

40

附件二：某公司重点巡查部位一览表

见附表2-2。

附表2-2

更新日期： _____ 年 _____ 月 _____ 日

某公司重点巡查部位一览表

序号	项目名称	项目地点	建设单位	施工单位	监理单位	施工工期	施工区内管网信息	保护协议签订情况	保护措施制定情况	应急预案	现场交底	巡查级别	巡查技术员	上周现场情况	备注
1															
2															
3															
4															
5															
6															
7															
8															
9															
10															

附件三：某公司地下中压燃气管线巡查记录表

见附表 2-3。

某公司地下中压燃气管线巡查记录表　　　　　　附表 2-3

时间	巡查路段（小区）	巡查情况记录
时　　分		
时　　分		
时　　分		
时　　分		
时　　分		
时　　分		
时　　分		
时　　分		
时　　分		
时　　分		
时　　分		
时　　分		
时　　分		
时　　分		

当日巡查情况补充说明：

巡查要求：

1. 巡查人员按照规定周期实施燃气管线巡查；

2. 巡查人员按管线内容巡查，情况正常时在巡查情况记录栏内打"正常"；

3. 如发现问题如实填写，并在补充说明栏内详细说明，巡查组组织处理，形成隐患处理的闭环

巡查人：　　　　　　　　　　　　　　　　　　　　　　　巡查组长：

附件四：某公司地下中压燃气管网阀门巡查记录表

见附表2-4。

某公司地下中压燃气管网阀门巡查记录表　　　　　附表2-4

阀门编号	无泄漏	无占压	未被埋	井内积水	阀门启闭情况	放散阀	管道防腐	井内清洁	安全标识	其他

巡查情况说明：

巡查要求：

1. 巡查人员按照规定周期实施燃气阀门巡查；

2. 巡查结果为正常的在巡查记录栏内打"√"；

3. 巡查发现问题时打"×"，并在巡查情况说明栏内详细说明，巡查组组织处理，形成隐患处理的闭环

巡查人：　　　　时间：＿＿＿年＿＿＿月＿＿＿日　　　　　　　　巡查组组长：

附件五：某公司巡查工作日志

见附表2-5。

某公司巡查工作日志

附表2-5

日期	岗位	当日工作内容	工作情况记录	异常情况记录	提醒跟踪事项	责任人	组长确认	跟踪人	跟踪反馈处理结果

表格填写说明：
1. 当日工作内容指当日的工作计划，包括部门和组长安排的当日工作任务；
2. 工作情况记录填写当日工作的完成情况，对未完成的工作要进行说明；
3. 异常情况记录指当日工作中发现的异常事件，并对事件进行安全分析；
4. 提醒跟踪事项是指从上一项分析中，得出急需跟踪的工作向组长汇报，安排下一班及时处理；
5. 组长须对当日反馈的内容确认，异常情况必须指定责任人跟踪处理，必要时应到现场处理。

附件六：某公司违章占压燃气设施整改通知书

某公司违章占压燃气设施整改通知书

编号：

_____：

经查实，你单位（个人）的_____建（构）筑物占压（圈占）燃气（违章占压燃气设施示意图附后），违反了《城镇燃气管理条例》《_____省（市）燃气管理条例》等法律法规关于燃气安全的管理规定，妨碍了燃气设施的正常检查维护与运行，形成了安全隐患，威胁周围居民的生命、财产安全。

现通知你单位（个人）于____年____月____日前将建（构）筑物拆除（整改）完毕，否则，我们将按有关规定采取暂停供气措施，必要时，我们还将申请市政执法部门依法强制拆除并给予经济处罚，拆除所发生的一切费用由你单位（个人）承担。

谢谢配合！

下发人：   接收人：

联系电话：   联系电话：

（本单位名称）

年 月 日   年 月 日

附件七：某公司施工现场告知书

见附表2-6。

某公司施工现场告知书　　　　　　　　　　　　　　　　附表 2-6

编号：

业主或施工单位名称		
办公地址		

贵单位在 _____ 施工，该地段地下敷设有燃气管道设施，为保证燃气管线安全，确保安全稳定供气，请贵单位在施工时，按照本告知书的内容注意保护燃气设施的安全，若遇到其他情况，请及时与燃气公司联系：_____（公司联系电话），否则，造成燃气设施损坏或泄漏，我们将按照相关法律、法规和规范的规定予以处理，情节严重的将依法追究其责任。

告知内容	设施名称	
	地理位置	
	埋设深度	
简　图		

施工单位意见：　　　　　　（签章）　　　告知单位：　　　　　　（签章）
接　收　人：　　　　　　　　　　　　　　监　护　人：
联系电话：　　　　　　　　　　　　　　　联系电话：
时　　　间：　　　　　　　　　　　　　　时　　　间：

备　注	

说明：此告知书一式两份，一份交业主或施工单位，一份留存。

第三章 燃气管网第三方
施工损坏的原因
及防范措施

燃气管道一旦遭受破坏发生泄漏，不仅影响其安全平稳运行，更会对管道周围人民群众的生命和财产安全造成极大的威胁。因此需要综合分析第三方施工损坏发生的原因，采取综合防范措施，第三方施工企业、管道企业、政府职能部门应各司其职、互相配合，携手共筑燃气管道的安全防线，营造和谐稳定的社会环境。

第一节　第三方施工

第三方是指燃气企业及与燃气企业有合同关系的承包商以外的组织或个人。

第三方施工是指在管道周边，从事维护管道以外的作业，有潜在危及管道安全的活动。

第三方施工包括定向钻、顶管作业、公路交叉、铁路交叉、电力线路交叉、光缆交叉、其他管道交叉、河道沟渠作业、挖砂取土作业、侵占、城建、爆破等。

第三方施工的风险主要表现在：一是直接导致管道破裂，引起介质泄漏、着火、爆炸事故；二是在一定程度上破坏防腐层，给管道造成划痕、凹坑或者使管道悬空，继而引起管道腐蚀、疲劳或者应力集中，最终导致管道破坏；三是导致光缆中断，影响管道数据传输等正常生产活动；四是干扰管道阴极保护系统的正常工作，导致管道腐蚀失效。

第二节　燃气管网第三方施工损坏事故发生原因

第三方施工导致燃气管道损坏事故的影响因素主要有三个方面：管道设计及施工质量、第三方施工企业、燃气公司，如图 3-1 所示。

一、管道设计及施工质量

在管道规划设计阶段，未能综合考虑实际地形、地方规划建设、地区等级变化等因素，导致燃气管道安全保护要求与当地城镇建设发展相矛盾。管道施工阶段，施工人员未按设计图纸施工，监理单位监督不到位，导致后期出现管道埋深不足、与建筑物及地下其他管线安全距离不足、管

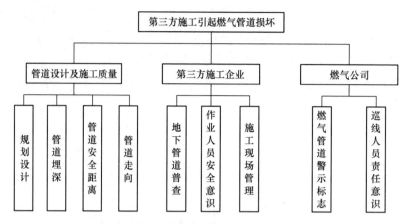

图 3-1 第三方施工导致燃气管道损坏事故发生的影响因素

道走向与设计不符等现象,从而增加了第三方施工导致燃气管道损坏事故发生的可能性。

二、第三方施工企业

由于第三方施工企业原因造成燃气管道的损坏,主要表现在以下方面:

(一)施工前,未进行地下管线普查。建设方出于工期及成本考虑,在施工前,未按相关要求进行地下管线普查,导致施工单位掌握的图纸上未标明施工区域内有燃气管道,施工单位在施工过程中将燃气管道损坏。

(二)第三方从业人员安全意识淡薄,存在侥幸心理,违章指挥或违规作业。第三方施工人员多数是建筑行业从业人员,对于燃气管道保护的基本常识知之甚少,对燃气的危险性、燃气事故的危害性认识不足,在施工前未告知管道企业,在未采取保护措施的情况下,擅自施工导致燃气管道损坏。

(三)施工现场管理混乱,野蛮施工。第三方施工人员为了赶工期、省力气,忽视燃气企业现场监护人员的指挥和劝阻,不按照燃气管道保护方案进行施工,不经审批随意变更施工方案、作业方式,执意野蛮施工导致燃气管道损坏。

(四)第三方施工单位内部信息传递不到位,未及时将燃气管道保护有关信息传导至接班人员或下道工序相关施工人员,导致燃气管道损坏事件发生。

三、燃气公司

（一）燃气管道警示标志不齐全。在管线运行过程中，由于风吹日晒雨淋等自然原因造成警示标识严重褪色、损坏，或者人为原因导致警示标志丢失，管道企业未能及时修复、补齐警示标志，第三方施工人员在未察觉地下有燃气管道的情况下，使用机械盲目开挖，造成燃气管道损坏。

（二）巡查人员未能履行好工作职责。在巡查过程中，燃气管道巡查人员未按照"定人、定时间、定点、定线路"的要求巡查，少巡、漏巡或不巡，未能及时发现施工迹象。

（三）管网图不齐全，不准确，导致提供的管位信息失真，造成破坏。

第三节　第三方施工风险消减与防护

一、管道规划设计阶段预防措施

选线科学、合理。燃气管道的选线除了考虑安全、技术、经济等因素，还要综合考虑沿线土地的使用情况、地方规划建设情况、管线与已有建（构）筑物的安全距离要求等因素，分析可能存在的第三方损坏风险，通过对路由方案的研究、比较选出最佳路由方案，避免管道投产运行后交叉施工过多从而引发第三方损坏管道事故发生。

二、管道建设期预防措施

通过对管道沿线第三方施工行为频繁区域的分析，针对不同情况可采取如下措施，以降低第三方施工对管道的不利影响。

（一）增加管道埋深及与已有建（构）筑物的安全距离。对存在第三方行为损坏事故风险的地区，应适当增加管道的埋深及与已有建（构）筑物的安全距离，降低第三方施工损坏管道的概率。

（二）设置警示标志。通过铺设警示带、埋设警示桩和警示牌等措施来缓解第三方施工损坏管道的风险。

（三）施加工程防护设施。对管道施加钢筋混凝土盖板、套管、U形槽等防护措施可以有效防范第三方施工损坏管道事故的发生。

（四）做好燃气管道施工过程管控

1. 加强与道路建设方、开发商等单位沟通，通过方案会审、征求意见等形式提前确定燃气管位。

2. 主动对接、了解道路或小区建设进度，合理把握入场时机，及时组织人员入场施工。避免因管道敷设过早被其他施工单位损坏或因入场施工过晚，出现管道安全间距不足或无管位情况。

3. 做好施工成果保护。管道敷设完毕后，应主动告知相关参建单位，同时安排专人定期巡查管道，及时了解管道周边施工信息，主动防范第三方施工损坏燃气管道。

（五）做好管道测绘工作

1. PE 管道的节点（如：起止点、弯头、三通、末端、拐点）、非开挖技术敷设的管道两端等处应设置电子标识器，直管段每 50m 设置电子标识器。

2. 燃气管道回填前对管道进行测绘定位，准确取得管道坐标及埋深信息。

3. 建立完善管道测绘管理流程，确保测绘及时、准确，测绘成果能够正确体现在竣工图上。测绘时施工单位、监理单位应参与，并对测绘结果签字确认。

三、管道运行期间预防措施

（一）人防措施

（1）燃气企业加强内部管理。首先，燃气企业应建立、健全安全生产责任制，明确燃气管道安全负责人、巡查组长、巡查员、现场监护人员的安全生产职责，避免出现相关人员职责不清、相互推诿扯皮的现象。其次，完善巡查管理程序、标准和要求，细化工作流程，制定详细的管线巡护标准和要求，提高管线巡护的质量。再次，强化责任落实，建立完善的考核机制。巡查组长要采取定期检查与不定期检查相结合的方式，深入一线施工现场，对巡查员的巡查质量、现场监护人员的到岗情况进行检查考核，提升巡查员的安全意识和责任心。现场监护人员需详细记录第三方施工情况，与第三方施工各方需采取现场交底加纸质书面交底方式进行交接。

（2）加强巡查人员的培训。熟悉掌握《中华人民共和国石油天然气管道保护法》《城镇燃气管理条例》（国务院令第 583 号）、现行国家标准《油气输送管道完整性管理规范》GB 32167、《城镇燃气设计规范（2020年版）》GB 50028 等法律法规和标准，提高法律素养和业务能力，有效地保障管道运行安全和企业权益。

（3）落实相关责任。当发现燃气管道周边有施工迹象时，无论是否对安全造成影响，巡查员都应立即向施工负责人说明管线的具体位置、埋深、走向以及损坏燃气管线的严重后果，并向其下达《安全隐患告知书》；巡查组长随后安排人员加大对施工区域的巡查频次，及时跟踪施工进展和后期施工计划，并建立第三方施工信息台账。第三方施工信息台账每日更新；实行"销号"制度，闭环管理。

（4）开展企地协防。管道企业、公安部门、应急管理部门、行业主管部门定期联合开展管道保护宣传，提高社会各界对管道安全的关注度和参与度，发动群众举报燃气管线附近的野蛮施工、非法施工，对有效预防第三方施工损坏的，给予表彰和奖励。

（二）物防措施

（1）对管道高后果区和第三方施工行为频繁的区段，在燃气管道正上方加密标志桩、警示牌等警示标志，在安全距离范围内"插旗划线"，提示若在此处施工应告知燃气管道管理部门。

（2）加强管线档案资料管理工作。燃气公司要保证燃气管道竣工测量图真实、准确、完整，并报送至燃管处、城建档案馆、规划部门备案。在燃气管道运行过程中，对进行改造的燃气管道，应当及时在图纸资料上更新，确保图纸资料有效。

（三）技防措施

管道企业在传统的人工巡查基础上，应创新工作方法、完善巡查机制，不断提升管道巡查水平。

（1）采用手持终端结合GIS巡查系统。在地图上明确巡查人员的责任片区，当巡查人员在责任片区内进行日常巡查时，巡查组长、管道安全负责人等可通过系统查看巡查人员的行走轨迹及在线时长，确保巡查人员工作责任到位。

（2）使用无人机巡查。无人机上搭载高精度摄像设备，当无人机在燃气管道上方巡航时，可通过无线传输将管线周边的地理信息实时传回到远程控制车显示屏上。当发现第三方施工迹象时，监护人员能及时赶到施工现场。无人机的投用让巡护范围更广，巡查质量更高效，既有利于提前发现施工迹象，也节省时间和人力。

在山区、河流、沼泽等管道线路危险区域采用无人机全数字化巡检（图3-2），并在特殊地段、风险较大地段进行第三方防范巡护、泄漏巡检等，从而形成对管道的全天候、全方位监控，有效补充传统人工巡查方式的不足。

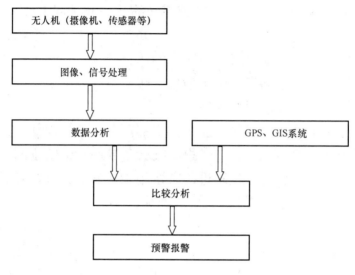

图 3-2　无人机全数字化巡检

（3）监护人员使用执法记录仪拍摄现场交底、施工监护情况，一方面，在心理上可以对第三方施工人员的违规施工起到震慑作用，另一方面，视频录像可以作为现场的施工资料，方便取证。

（4）建立施工监护微信群，现场监护人员将施工现场的具体情况通过照片、小视频上传至群里，既便于监护负责人全面地了解施工现场情况，又可以对监护人员的旁站监护到岗情况进行监督。

（5）建立智能管道系统。智能管道系统是利用地理信息系统（GIS系统）、云计算、物联网等技术，通过采集、整合各类数据，实现了管道完整性管理、巡查管理、第三方管理、管线运行管理、隐患治理管理、应急响应管理等功能，全面提升管道的控制和管理水平。

1）智能视频监控系统

在管道穿跨越段，借助 4G 网络环境，采用太阳能＋视频监控＋物联网＋声光报警组成的智能视频监控系统对管道周围进行 24h 实时监控（图 3-3）。

2）光纤振动预警系统

在第三方施工活动频繁的地段，利用光纤振动传感器能够检测到管道发生的极其微小的振动信号，通过信号检测定位，能够及早发现并警示出发生的管道损坏行为（图 3-4）。

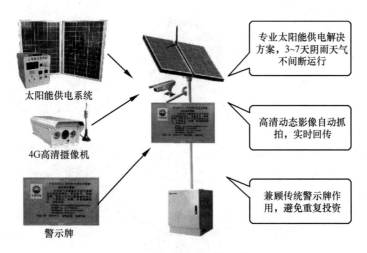

图 3-3　智能视频监控系统

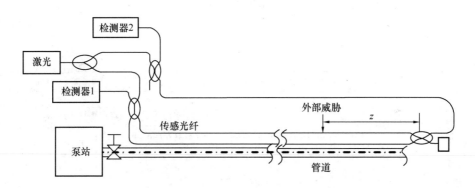

图 3-4　光纤振动预警系统

（6）第三方施工一体化系统 EOCS（Excavation One Call System）

该系统为韩国第三方施工一体化系统，为防止挖掘施工导致的燃气管道破损事故，以挖掘施工实施者及城市燃气从业者为对象，凭借电话、网络等信息通信网手段，交换挖掘施工相关信息，保障挖掘施工对其他相关设施安全的担保系统（图 3-5、图 3-6）。

（四）管道企业和第三方加强沟通与协作

（1）第三方依法办理相关手续。为了确保施工现场及毗邻区域内地下管道的相关信息准确，在工程开工前，第三方要以书面告知函形式通知管道企业，向管道企业提出指派专门人员到施工现场交底、监护需求，并签订《燃气管道施工安全保护协议》。

（2）施工单位与管道企业协商确定管道保护方案。重大交叉项目的施工，施工单位应主动会同项目建设单位、监理单位、燃气管线权属单位共

55

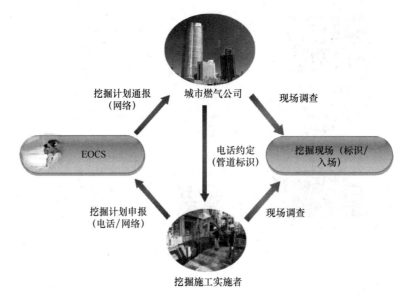

图 3-5　EOCS 关系图

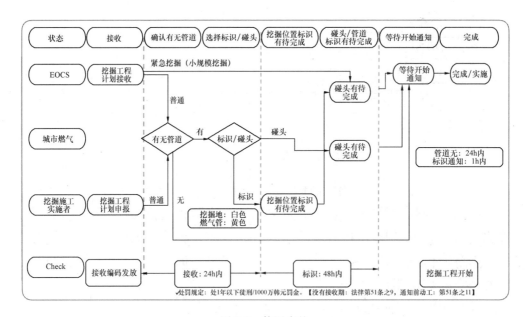

图 3-6　使用步骤

同论证、制定燃气管道设施保护专项方案，在制定管道保护方案过程中，管道企业应具有服务意识、大局意识，可以邀请管道设计单位参与指导管道保护方案的编制。

（五）依靠政府职能部门，筑牢燃气管道安全防线

（1）政府相关职能部门应牵头地下管线权属单位建立地下管线互保机

制，地下管线权属单位之间要加强沟通、密切配合，确保地下管线安全平稳运行。道路挖掘审批部门（市政局、城市管理局或公路局）在审批道路挖掘许可前，可告知燃气企业相关负责人一并参与现场踏勘，了解附近燃气管线走向。

（2）住房城乡建设部门应定期开展综合执法检查活动。对检查发现建设单位未履行查询、提供地下管线资料义务的，要责令改正；对在工程开工前未书面告知燃气管道企业申请现场交底监护、施工过程中未按燃气管道设施保护方案施工、安全防护措施执行不到位的违法违规行为导致管道破损的，按照相关法律法规进行相应处罚；对发生安全事故的，联合检察机关、公安部门严格按照《中华人民共和国刑法》《中华人民共和国治安管理处罚法》等法律规定，对相关破坏燃气管道的涉事单位及责任人追究刑责，提高破坏燃气管道违法成本，增强威慑力。

第三方施工损坏天然气管道原因错综复杂，管道企业应注重采取多种措施预防第三方施工损害事故的发生，定期开展第三方施工风险评价，针对评价结果及评价过程中发现的问题，不断完善防范第三方施工损坏管道事故发生的措施，提升企业管道安全管理水平。燃气管道的安全平稳运行影响到人民的生命财产安全、社会的和谐稳定。保护管道，人人有责。第三方施工企业、管道企业、政府职能部门及社会公民应各司其职、互相配合，携手共筑燃气管道的安全防线，营造和谐稳定的社会环境。

（六）项目目标动态控制原理在地下燃气管线保护中的应用

（1）项目目标动态控制原理简介

由于在项目实施过程中主客观条件的变化是绝对的，不变是相对的；在项目进展过程中平衡是暂时的，不平衡是永恒的，因此在项目实施过程中必须随着情况的变化进行项目目标的动态控制。

将项目目标动态控制原理应用在城镇地下燃气管线巡查中，通过确定监护目标并以此为前提实施风险识别，然后对风险识别的结果做跟踪监控，根据监护目标在施工过程中出现的变化调整跟踪监控措施，随时关注第三方施工工地区域内影响燃气管道安全运行的危险因素并适时采取措施予以控制，提高现场安全监护效率，其工作流程见图3-7。

（2）监护目标确定

在监护目标的设定上主要考虑两大因素：

一是保护地下燃气管道本体不被损坏。地下燃气管道本体遭第三方施工而损坏的原因主要包括以下几种情况：①施工单位使用大型挖掘机械进

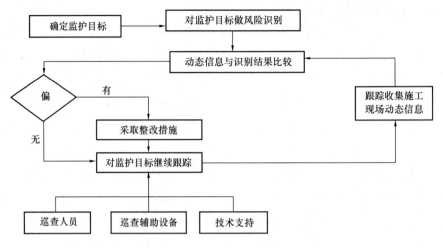

图 3-7　监护目标动态控制工作流程

行开挖作业，对管道造成破坏。②由市政道路施工、地铁施工进行地质爆破的震荡波所造成的管道破坏。③施工单位在采取人工挖掘措施确认地下燃气管线位置时操作失误，对燃气管道造成破坏。④施工单位在地下燃气管道附近进行施工，使附近地层发生沉降、管道应力改变，引发管道失效。

二是保护地下燃气管道附件不被损坏。城镇地下燃气管道附件，如阀门井、标志桩、凝液缸、阴极保护装置等是城镇燃气系统安全运行不可或缺的保证。而这些附件在市政工程施工中往往得不到有效保护，或受损，或丢失。

（3）风险（隐患）因素识别，建立潜在风险分析一览表

重点监护目标确定以后，组织巡查人员开展施工现场风险（隐患）因素识别。在风险识别的过程中，大致可按照人为因素、环境因素、管道本体、管道附件、其他因素五个大类进行分析，分析结束，建立重点巡查部位现场安全监护潜在风险（隐患）分析一览表，见表 3-1。

重点巡查部位现场安全监护潜在风险（隐患）分析一览表　　　　　表 3-1

序号	监护目标	潜在风险描述
1	人为因素	□ 巡查员对施工区域内燃气管线及设施分布情况尚未掌握； □ 现场施工人员对施工区域内燃气管线及设施分布情况不清楚； □ 施工单位人工开挖误操作； □ 巡查人员与建设、施工、监理方沟通协调存在困难
2	管道本体	□ 施工现场有大型挖掘机开挖； □ 施工现场有地铁、市政爆破施工； □ 施工单位在地下燃气管道旁边开挖造成地层发生沉降，引发管道受损； □ 钢制管道防腐层受损； □ 设计或施工方案更改导致受影响燃气管段扩大； □ 施工现场有顶管作业

序号	监护目标	潜在风险描述
3	环境因素	☐ PE管暴露后遭太阳暴晒发生老化； ☐ 管道已经悬空，沟槽两侧土质松软，易引起坍塌
4	管道附件	☐ 标志桩丢失； ☐ 阀门井、凝液缸、阴极保护装置受损或端盖丢失
5	其他风险	☐ 现场警示标识情况； ☐ 施工现场管道保护措施落实情况

（4）对各项潜在风险发展情况动态跟踪

重点监护目标及潜在风险确定以后，巡查人员实施施工现场安全监护。每次监护完毕，对施工现场原有风险因素的整改处理及发展变化情况作好记录，属于未整改的对原因作说明，同时对施工现场新出现的一些风险（隐患）作好记录，便于下一个巡查人员迅速熟悉施工现场情况，提高监护效率，重点巡查部位现场各项潜在风险发展情况动态跟踪表见表3-2。

重点巡查部位现场各项潜在风险发展情况动态跟踪表　　　表3-2

	原有风险因素	重点巡查部位风险跟踪信息记录
管道本体	☐ 巡查员对施工区域内燃气管线及设施分布情况未完全掌握； ☐ 现场施工人员对施工区域内燃气管线及设施分布情况未完全掌握； ☐ 施工现场有大型挖掘机开挖； ☐ 施工现场有地铁、市政爆破施工； ☐ 施工单位人工开挖误操作； ☐ 施工单位在地下燃气管道旁边开挖造成地层发生沉降，引发管道受损； ☐ 钢制管道防腐层受损； ☐ PE管道暴露后遭太阳暴晒引起老化； ☐ 管道已经悬空，沟槽两侧土质松软，易引起坍塌； ☐ 设计或施工方案更改导致受影响燃气管段扩大； ☐ 施工现场有顶管作业	对上次重点提示处理情况反馈如下： ☐ 已整改； ☐ 未整改，原因： ☐ 正在整改，处理情况记录：
附件	☐ 标志桩丢失； ☐ 阀门井、凝液缸、阴极保护装置受损或端盖丢失	提示：本次现场安全监护完毕，以下风险（隐患）出现变化或有新的隐患产生，需重点跟踪
其他	☐ 与建设、施工、监理单位沟通协调较困难； ☐ 现场警示标识情况； ☐ 施工现场管道保护措施落实情况	
反馈时间：		片区巡查责任人：

第四节　燃气管道常见保护技术措施

一、管道与道路交叉

（一）盖板

适用于开挖穿越路面宽度大于或等于 2m 小于 6m 的沥青、水泥、砾砂道路以及与公路桥梁交叉保护。主要技术要求：

1. 盖板长度不应小于规划公路用地范围宽度以外 1 m，并设置地面标识标明管道位置。

2. 盖板覆土厚度大于或等于 0.5m，设置深度一般为管顶以上 0.5m。

3. 穿越管道与被穿越公路的夹角应尽可能接近 90°，不宜小于 60°。

4. 钢筋为 HPB300，混凝土强度等级 C30。

5. 公路部位管沟回填土应分层夯实。

（二）套管

适用于可开挖穿越的路面宽度大于或等于 6m 的沥青、水泥、砾砂道路，一般在管道建设时期采用。主要技术要求：

1. 采用套管穿越公路时，套管长度宜伸出路堤坡脚、排水沟外边缘不小于 2m；当穿过路堑时，应长出路堑顶不小于 5m。

2. 套管顶部最小覆盖层厚度在公路路面以下为 1.2m，在公路边沟以下为 1m，套管内径应大于输送管道外径 300mm 以上，采用人工顶管施工方法时，套管内直径不宜小于 1m。

3. 套管选用Ⅲ级钢筋混凝土套管，单节长度 2000mm，执行现行国家标准《混凝土和钢筋混凝土排水管》GB/T 11836 标准要求。

4. 穿越管道与被穿越公路的夹角应尽可能接近 90°，不宜小于 60°。

5. 套管管端封堵采用红砖 MU10、水泥砂浆 M7.5 砌筑进行封堵。

（三）盖板涵

适用于开挖穿越高速公路、等级公路，或者新建道路与已建管道的交叉保护。主要技术要求：

1. 盖板涵防护长度应满足公路用地范围以外 3m 的要求。

2. 盖板涵顶部最小覆盖层厚度在公路路面以下为 1.5m，在公路边沟以下为 1.2m，管道管顶距离盖板底部垂直净距不应小于 0.5m。

3. 盖板涵混凝土强度等级为 C30，钢筋不低于 HPB300。

4. 盖板涵两侧回填应满足道路路基处理要求。

二、管道与铁路交叉

（一）新建燃气管道与铁路交叉一般采用钢筋混凝土箱涵，箱涵的主要技术要求：

1. 管道需要与铁路交叉时，穿越点应选择在铁路直线或圆曲线上，而不能选择在缓和曲线上，同时避开高填方区域。

2. 管道穿越铁路时，其穿越点四周应有足够的空间，满足管道穿越施工和维护的要求，以及邻近建（构）筑物和设施安全距离的要求。

3. 油气管道穿越铁路时，应尽可能垂直穿越，在特殊情况下，交角不宜小于 30°。

4. 铁路穿越用的预制框架涵具体结构形式另行设计。若铁路部门对穿越位置、管道安装、附属结构及箱涵结构尺寸有要求，应按其要求执行。

5. 箱涵的顶进设置长度：对于有路边沟的铁路，箱涵应长出路边沟不小于 1m；对于无路边沟的情况，箱涵应长出路堤坡脚护道不小于 2m。

6. 采用涵洞穿越铁路时，涵洞净空高度不宜小于 1.8m，涵洞内宽度不宜小于输送管道外径加 2.5m。

（二）钢筋混凝土板

适用于管道与新建铁路桥梁交叉保护，主要技术要求：

1. 管顶在桥梁下方埋深不宜小于 1.2m，管道上方应埋设钢筋混凝土板。

2. 钢筋混凝土板的宽度应大于管道外径 1.0m，板厚不得小于 100mm，板底面距管顶间距不宜小于 0.5m，板的埋设长度不应小于铁路线路安全保护区范围，板上方应埋设警示带（板）；交叉处管段应设置地面警示标识。

3. 铁路桥梁底面至自然地面的净空高度不应小于 2.0m。

4. 管道与铁路桥梁墩台基础边缘的水平净距不宜小于 3m。

5. 钢筋为 HPB300，混凝土强度等级 C30。

6. 混凝土板长度方向垂直管道中轴线水平铺设，各板之间缝隙不超过 5cm。

三、管道与沟渠交叉

钢筋混凝土 U 形盖板连续覆盖，适用于清淤深度以下的管顶埋深不够的情况。主要技术要求：

（一）U 形盖板连续设置于管道正上方，与管道间用橡胶板隔离，设置原则为盖板重量应满足管道配重要求。

（二）混凝土强度等级采用 C25，钢筋采用 HRB400。

四、第三方施工过程中燃气管道保护技术措施

（一）施工道路下方有燃气管道时，可采用以下两种方式保护，一是用 20mm 厚钢板铺设管道上方的路面；二是浇筑 200mm 厚钢筋混凝土路面，配筋是 $\phi12@200mm$ 双向双层钢筋网，混凝土强度等级用 C20。

（二）基坑开挖后，暴露或接近暴露的燃气管道，应提前作好准备，及时予以防护。根据管道的种类，材质走向和位置，可分别选用以下几种方法防护。

1. 隔离法。通过钢板桩、树根桩、深层搅拌桩等形成隔离体，限制地下管道周围的土体位移、挤压或振动管道。这种方法适合管道埋深较大而又邻近桩基础或基坑的情况。对于管道埋深不大的也可采用隔离槽的方法，隔离槽可挖在施工部位与管道之间，也可在管道部位挖，即将管道挖出悬空。隔离槽一定要挖深至管道底部以下，才能起到隔断挤压力和振动力的作用。

2. 悬吊法。一些暴露于基坑内的管道，或因土体可能产生较大位移而用隔离法将管道挖出的，中间不宜设支撑，可用悬吊法固定管道。要注意吊索的变形伸长以及吊索固定点位置应不受土体的影响。悬吊法管道受力、位移明确，并可以通过吊索不断调整管道的位移和受力点。

3. 支撑法。对于土体可能发生较大沉降而造成管道悬空的，可沿线设置若干支撑点支撑管道。支撑体可考虑是临时的，如埋设支撑桩、砖支墩、沙袋支撑等；也可以是永久性的，对于前者，设置时要考虑拆除时的方便和安全，对于后者一般结合永久性建筑物进行。

4. 土体加固法。顶管、沉井施工中，可能由于土体超挖和坍塌而导致地面沉降和土体位移的，可以采用注浆加固土体的办法。一是施工前对地下管道与施工区之间的土体进行注浆加固；二是施工结束后对管壁或井壁松散土和空隙进行注浆充填加固。此外，在砂性土层，且地下水位又较

高的环境中开挖施工时，为防止流砂发生，也可用井点降水法。

5. 选择合理施工工艺。基坑开挖、地下连续墙施工可采用分段开挖、分段施工的方法。使管道每次暴露局部长度，施工完一段后再进行另一段，或分段间隔施工。对于桩基工程，可以合理安排打桩顺序，如邻近管道的桩先打，以减少对管道的挤压，还可考虑调整打桩速度的方法，如打打停停，可减小土中的孔隙水压力，在打桩四周设置排水沙井、塑料排水板，使孔隙水压力很快减小时，减少挤土效应。顶管工程施工，对邻近管道区域，可以放慢顶进速度，以及减少一次顶进距离的办法，做到勤顶勤挖，减少对土体的挤压力，顶头穿过管道区后，勤压膨润土，以充填顶头切削造成的管壁外间隙，减少地面沉降。有些地下工程还可采用逆作法施工保护管道，对管道可起固定作用的部位先施工并加套管，再施工其他部位，基坑回填时分层夯实，钢板桩拔除时及时用砂充填空隙并在水中振捣密实，尽量缩短管道受影响区的施工时间等。

6. 对管道进行搬迁、加固处理。对便于改道搬迁，且费用不大的管道，可以在基础工程施工前先临时搬迁改道，或者通过改善、加固原管道，设置伸缩节等措施，加大管道的抗变形能力，以确保土体位移时也不失去使用功能。

7. 卸载保护。施工期间，卸去管道周围，尤其是上部荷载，或通过设置卸荷板等方式，使作用在管道及周围的土体上的荷载减弱，减少土体变形和管道的受力，达到保护管道的目的。

第五节 附 件

附件一：第三方施工工程分类

一、施工工程分类
按施工工程性质，可分为：
（一）市政公用工程
1. 道路交通工程：包括城市道路、城市立交、交通疏解、交通设施建设。
2. 地下管线工程：地下管线工程包括排水（排雨、污水）、供水、供电、通信、供热、特殊用途的地下管线和人防通道。

3. 市政绿化工程：包括行道树、灌木、草坪、绿化小品（如街道绿化中的假山石、游廊、画架、水池、喷泉等）。

4. 架空杆线工程：包括不同电压等级的供电杆线、通信杆线、无轨杆线及架空管线。

5. 河湖水系工程：包括河道疏浚，引排水渠建设、过河桥梁、排灌站、闸桥等水工构筑物建设。

（二）项目建设工程

1. 房屋建设工程：包括房地产（含商业）开发、老旧小区改造。

2. 铁路及轨道交通工程：包括铁路建设、城市轨道交通及设施建设。

3. 城市园林建设：包括公园、游乐场以及配套设施。

4. 工业工程：包括大型生产厂区、电厂（站）、化工厂等大型场站建设。

（三）居民小区工程（非新建）

1. 小区（含商业区）勘探施工。

2. 小区配套基建施工。

3. 小区绿化工程。

4. 小区管线施工：排水（排雨、污水）、供水、消防工程、通信工程、电力、安防工程。

5. 小区道路施工。

6. 用户装修施工。

（四）燃气工程：包括地下燃气管道、燃气场站工程

（五）其他项目：包括公共服务设施（如垃圾房、厕所等）

二、施工工地性质及信息要素分类

（一）施工工地特征信息

施工工地特征信息包括施工作业工程进度、施工作业可控程度和作业与管道距离。

1. 按照施工作业工程进度，可分为：

（1）活跃期工地，指有施工作业，且有可能影响到管道及设施的作业，如地基开挖等。

（2）稳定期工地，指暂停施工、工地堆场或者地上（含地面）作业，对管道及设施影响较小的。

（3）不确定期工地，指施工周期不确定的或者是临时性（小于 7 个自然日）的施工作业点。

2. 按照施工作业可控程度，可分为：

（1）可控程度高的工地，是指作业方式对周边影响小，不易产生次生事件的工程，如人工开挖等。

（2）可控程度低的工地，是指作业较难把握控制的施工，如定向钻、顶管、勘探等作业。

3. 按照施工作业距离管道的距离，可分为：

（1）管道保护范围内的作业：低压、中压管道保护范围为管壁及设施外缘两侧 0.5m 范围内的区域；次高压管道保护范围为管壁及设施外缘两侧 1.5m 范围内的区域；高压管道保护范围为管壁及设施外缘两侧 5m 范围内的区域。

（2）管道控制范围内的作业：低压、中压管道控制范围为管壁及设施外缘两侧 1～5m 范围内的区域；次高压管道控制范围为管壁及设施外缘两侧 1.5～15m 范围内的区域；高压管道控制范围为管壁及设施外缘两侧 5～50m范围内的区域。

（3）管道控制范围外的作业。

（二）工地管理信息

1. 按照施工作业监管程度，可分为：

（1）监管力度较强的施工作业，指有政府作业许可，政府和本单位有监管的工程。

（2）监管力度较弱的施工作业。

（3）无监管的作业，是指无须政府作业许可，且无人监督管理的工程。

2. 按照施工工地对管网的保护措施落实情况，可分为：

（1）未制定保护方案、落实保护措施的。

（2）制定有保护方案，但未具体落实的。

（3）制定有保护方案，落实有保护措施的。

（三）管网特征信息

1. 按管网重要程度，可分为：

（1）给重要工业用户供气的。

（2）可能影响 10000 户（含）以上用户用气的。

（3）可能影响重要用户或影响 5000 户（含）以上用户用气的。

（4）可能影响 5000 户以下用户用气的。

2. 按管网压力，可分为：

（1）高压管网。

（2）次高压管网。

（3）中压管网。

（4）低压管网。

3. 按管网信息完整度，可分为：

（1）管网图（或 GIS 系统）上没有，但现场有管网的。

（2）管网图（或 GIS 系统）上有，现场没有管网的。

（3）管网图（或 GIS 系统）和现场均有管网，但信息不符的。

（4）管网图（或 GIS 系统）和现场均有管网，且信息相符的。

附件二：施工工地风险识别

管网周边施工工地的信息要素可分为基础条件因素和管理干预因素两部分，其中基础条件因素包括施工作业工程进度、施工作业方式和施工作业距离三个方面，管理干预因素包括施工作业监管程度、管网压力、管网重要度、管网信息完整度和保护措施落实情况五个方面。每个影响因素根据其对管道保护的影响程度不同，设置不同风险等级，一级最高、二级其次，以此类推。

（1）施工作业工程进度风险等级

见附表 3-1。

施工作业工程进度风险等级　　　　　　　　　　附表 3-1

风险等级	一级	二级	三级	四级	五级
工程进度	活跃期	—	不确定期	稳定期	

（2）施工作业可控程度风险等级划分

见附表 3-2。

施工作业可控程度风险等级划分　　　　　　　　附表 3-2

风险等级	一级	二级	三级	四级	五级
工程可控度	可控程度低	—	—	可控程度高	—

（3）施工作业距离风险等级划分

见附表 3-3。

施工作业距离风险等级划分　　　　　　　　　　附表 3-3

风险等级	一级	二级	三级	四级	五级
作业距离	保护范围内	—	控制范围内	—	控制范围外

（4）施工作业监管程度风险等级划分

见附表3-4。

施工作业监管程度风险等级划分 　　　　　　　　　　　　　　附表 3-4

风险等级	一级	二级	三级	四级	五级
工程监管度	无监管	—	监管力度较弱	—	监管力度较强

（5）管网压力风险等级划分

见附表3-5。

管网压力风险等级划分 　　　　　　　　　　　　　　附表 3-5

风险等级	一级	二级	三级	四级	五级
管网压力等级	高压	次高压	—	中压	低压

（6）管网重要度风险等级划分

见附表3-6。

管网重要度风险等级划分 　　　　　　　　　　　　　　附表 3-6

风险等级	一级	二级	三级	四级	五级
管网重要度	给重要工业用户供气	可能影响10000户（含）以上用户用气	可能影响重要用户或影响5000户（含）以上用户用气	影响5000户以下用户用气	—

（7）管网信息完整度风险等级划分

见附表3-7。

管网信息完整度风险等级划分 　　　　　　　　　　　　　　附表 3-7

风险等级	一级	二级	三级	四级	五级
管网信息完整度	GIS无，现场有	GIS有，现场无	GIS和现场均有，但信息不符	—	GIS和现场均有，信息相符

（8）保护措施落实风险等级划分

见附表3-8。

保护措施落实风险等级划分 　　　　　　　　　　　　　　附表 3-8

风险等级	一级	二级	三级	四级	五级
保护措施	无保护方案和保护措施	制定有保护方案，未落实	—	—	有保护措施，有落实

附件三：法律责任

一、《中华人民共和国刑法》

第一百一十八条：【破坏电力设备罪】【破坏易燃易爆设备罪】破坏电力、燃气或者其他易燃易爆设备，危害公共安全，尚未造成严重后果的，处三年以上十年以下有期徒刑。

第一百一十九条：【破坏交通工具罪】【破坏交通设施罪】【破坏电力设备罪】【破坏易燃易爆设备罪】破坏交通工具、交通设施、电力设备、燃气设备、易燃易爆设备，造成严重后果的，处十年以上有期徒刑、无期徒刑或者死刑。

【过失损坏交通工具罪】【过失损坏交通设施罪】【过失损坏电力设备罪】【过失损坏易燃易爆设备罪】过失犯前款罪的，处三年以上七年以下有期徒刑；情节较轻的，处三年以下有期徒刑或者拘役。

二、《中华人民共和国治安管理处罚法》

第三十三条第（一）款：有下列行为之一的，处十日以上十五日以下拘留：

（一）盗窃、损毁油气管道设施、电力电信设施、广播电视设施、水利防汛工程设施或者水文监测、测量、气象测报、环境监测、地质监测、地震监测等公共设施的。

三、《中华人民共和国石油天然气管道保护法》

第七条　管道企业应当遵守本法和有关规划、建设、安全生产、质量监督、环境保护等法律、行政法规，执行国家技术规范的强制性要求，建立、健全本企业有关管道保护的规章制度和操作规程并组织实施，宣传管道安全与保护知识，履行管道保护义务，接受人民政府及其有关部门依法实施的监督，保障管道安全运行。

第十八条　管道企业应当按照国家技术规范的强制性要求在管道沿线设置管道标志。管道标志毁损或者安全警示不清的，管道企业应当及时修复或者更新。

第二十二条　管道企业应当建立、健全管道巡护制度，配备专门人员对管道线路进行日常巡护。管道巡护人员发现危害管道安全的情形或者隐患，应当按照规定及时处理和报告。

第二十三条　管道企业应当定期对管道进行检测、维修，确保其处于良好状态；对管道安全风险较大的区段和场所应当进行重点监测，采取有效措施防止管道事故的发生。

对不符合安全使用条件的管道,管道企业应当及时更新、改造或者停止使用。

第二十四条 管道企业应当配备管道保护所必需的人员和技术装备,研究开发和使用先进适用的管道保护技术,保证管道保护所必需的经费投入,并对在管道保护中做出突出贡献的单位和个人给予奖励。

第二十五条 管道企业发现管道存在安全隐患,应当及时排除。对管道存在的外部安全隐患,管道企业自身排除确有困难的,应当向县级以上地方人民政府主管管道保护工作的部门报告。接到报告的主管管道保护工作的部门应当及时协调排除或者报请人民政府及时组织排除安全隐患。

第三十九条 管道企业应当制定本企业管道事故应急预案,并报管道所在地县级人民政府主管管道保护工作的部门备案;配备抢险救援人员和设备,并定期进行管道事故应急救援演练。

发生管道事故,管道企业应当立即启动本企业管道事故应急预案,按照规定及时通报可能受到事故危害的单位和居民,采取有效措施消除或者减轻事故危害,并依照有关事故调查处理的法律、行政法规的规定,向事故发生地县级人民政府主管管道保护工作的部门、安全生产监督管理部门和其他有关部门报告。

接到报告的主管管道保护工作的部门应当按照规定及时上报事故情况,并根据管道事故的实际情况组织采取事故处置措施或者报请人民政府及时启动本行政区域管道事故应急预案,组织进行事故应急处置与救援。

第五十条 管道企业有下列行为之一的,由县级以上地方人民政府主管管道保护工作的部门责令限期改正;逾期不改正的,处二万元以上十万元以下的罚款;对直接负责的主管人员和其他直接责任人员给予处分:

(一)未依照本法规定对管道进行巡护、检测和维修的;

(二)对不符合安全使用条件的管道未及时更新、改造或者停止使用的;

(三)未依照本法规定设置、修复或者更新有关管道标志的;

(四)未依照本法规定将管道竣工测量图报人民政府主管管道保护工作的部门备案的;

(五)未制定本企业管道事故应急预案,或者未将本企业管道事故应急预案报人民政府主管管道保护工作的部门备案的;

(六)发生管道事故,未采取有效措施消除或者减轻事故危害的;

（七）未对停止运行、封存、报废的管道采取必要的安全防护措施的。

管道企业违反本法规定的行为同时违反建设工程质量管理、安全生产、消防等其他法律的，依照其他法律的规定处罚。

管道企业给他人合法权益造成损害的，依法承担民事责任。

第五十一条　采用移动、切割、打孔、砸撬、拆卸等手段损坏管道或者盗窃、哄抢管道输送、泄漏、排放的石油、天然气，尚不构成犯罪的，依法给予治安管理处罚。

第五十二条　违反本法第二十九条、第三十条、第三十二条或者第三十三条第一款的规定，实施危害管道安全行为的，由县级以上地方人民政府主管管道保护工作的部门责令停止违法行为；情节较重的，对单位处一万元以上十万元以下的罚款，对个人处二百元以上二千元以下的罚款；对违法修建的建筑物、构筑物或者其他设施限期拆除；逾期未拆除的，由县级以上地方人民政府主管管道保护工作的部门组织拆除，所需费用由违法行为人承担。

第五十三条　未经依法批准，进行本法第三十三条第二款或者第三十五条规定的施工作业的，由县级以上地方人民政府主管管道保护工作的部门责令停止违法行为；情节较重的，处一万元以上五万元以下的罚款；对违法修建的危害管道安全的建筑物、构筑物或者其他设施限期拆除；逾期未拆除的，由县级以上地方人民政府主管管道保护工作的部门组织拆除，所需费用由违法行为人承担。

第五十四条　违反本法规定，有下列行为之一的，由县级以上地方人民政府主管管道保护工作的部门责令改正；情节严重的，处二百元以上一千元以下的罚款：

（一）擅自开启、关闭管道阀门的；

（二）移动、毁损、涂改管道标志的；

（三）在埋地管道上方巡查便道上行驶重型车辆的；

（四）在地面管道线路、架空管道线路和管桥上行走或者放置重物的；

（五）阻碍依法进行的管道建设的。

第五十五条　违反本法规定，实施危害管道安全的行为，给管道企业造成损害的，依法承担民事责任。

第五十六条　县级以上地方人民政府及其主管管道保护工作的部门或者其他有关部门，违反本法规定，对应当组织排除的管道外部安全隐患不及时组织排除，发现危害管道安全的行为或者接到对危害管道安全行为的举报后不依法予以查处，或者有其他不依照本法规定履行职责的行为的，由其上级机关责令改正，对直接负责的主管人员和其他直接责任人员依法给予处分。

第五十七条　违反本法规定，构成犯罪的，依法追究刑事责任。

四、《城镇燃气管理条例》（国务院令第 583 号）

第三十三条　县级以上地方人民政府燃气管理部门应当会同城乡规划等有关部门按照国家有关标准和规定划定燃气设施保护范围，并向社会公布。

在燃气设施保护范围内，禁止从事下列危及燃气设施安全的活动：

（一）建设占压地下燃气管线的建筑物、构筑物或者其他设施；

（二）进行爆破、取土等作业或者动用明火；

（三）倾倒、排放腐蚀性物质；

（四）放置易燃易爆危险物品或者种植深根植物；

（五）其他危及燃气设施安全的活动。

第三十四条　在燃气设施保护范围内，有关单位从事敷设管道、打桩、顶进、挖掘、钻探等可能影响燃气设施安全活动的，应当与燃气经营者共同制定燃气设施保护方案，并采取相应的安全保护措施。

第三十五条　燃气经营者应当按照国家有关工程建设标准和安全生产管理的规定，设置燃气设施防腐、绝缘、防雷、降压、隔离等保护装置和安全警示标志，定期进行巡查、检测、维修和维护，确保燃气设施的安全运行。

第三十六条　任何单位和个人不得侵占、毁损、擅自拆除或者移动燃气设施，不得毁损、覆盖、涂改、擅自拆除或者移动燃气设施安全警示标志。

任何单位和个人发现有可能危及燃气设施和安全警示标志的行为，有权予以劝阻、制止；经劝阻、制止无效的，应当立即告知燃气经营者或者向燃气管理部门、安全生产监督管理部门和公安机关报告。

第三十七条　新建、扩建、改建建设工程，不得影响燃气设施安全。

建设单位在开工前，应当查明建设工程施工范围内地下燃气管线的相关情况；燃气管理部门以及其他有关部门和单位应当及时提供相关资料。

建设工程施工范围内有地下燃气管线等重要燃气设施的，建设单位应当会同施工单位与管道燃气经营者共同制定燃气设施保护方案。建设单位、施工单位应当采取相应的安全保护措施，确保燃气设施运行安全；管道燃气经营者应当派专业人员进行现场指导。法律、法规另有规定的，依照有关法律、法规的规定执行。

第五十条　违反本条例规定，在燃气设施保护范围内从事下列活动之一的，由燃气管理部门责令停止违法行为，限期恢复原状或者采取其他补救措施，对单位处5万元以上10万元以下罚款，对个人处5000元以上5万元以下罚款；造成损失的，依法承担赔偿责任；构成犯罪的，依法追究刑事责任：

（一）进行爆破、取土等作业或者动用明火的；

（二）倾倒、排放腐蚀性物质的；

（三）放置易燃易爆物品或者种植深根植物的；

（四）未与燃气经营者共同制定燃气设施保护方案，采取相应的安全保护措施，从事敷设管道、打桩、顶进、挖掘、钻探等可能影响燃气设施安全活动的。

违反本条例规定，在燃气设施保护范围内建设占压地下燃气管线的建筑物、构筑物或者其他设施的，依照有关城乡规划的法律、行政法规的规定进行处罚。

第五十一条　违反本条例规定，侵占、毁损、擅自拆除、移动燃气设施或者擅自改动市政燃气设施的，由燃气管理部门责令限期改正，恢复原状或者采取其他补救措施，对单位处5万元以上10万元以下罚款，对个人处5000元以上5万元以下罚款；造成损失的，依法承担赔偿责任；构成犯罪的，依法追究刑事责任。

违反本条例规定，毁损、覆盖、涂改、擅自拆除或者移动燃气设施安全警示标志的，由燃气管理部门责令限期改正，恢复原状，可以处5000元以下罚款。

第五十二条　违反本条例规定，建设工程施工范围内有地下燃气管线等重要燃气设施，建设单位未会同施工单位与管道燃气经营者共同制定燃气设施保护方案，或者建设单位、施工单位未采取相应的安全保护措施的，由燃气管理部门责令改正，处1万元以上10万元以下罚款；造成损失的，依法承担赔偿责任；构成犯罪的，依法追究刑事责任。

五、《中华人民共和国建筑法》

第四十条　建设单位应当向建筑施工企业提供与施工现场相关的地下管线资料，建筑施工企业应当采取措施加以保护。

第四十二条第（二）款：有下列情形之一的，建设单位应当按照国家有关规定办理申请批准手续：（二）可能损坏道路、管线、电力、邮电通信等公共设施的。

六、《建设工程安全生产管理条例》（国务院令第 393 号）

第六条 建设单位应当向施工单位提供施工现场及毗邻区域内供水、排水、供电、供气、供热、通信、广播电视等地下管线资料，气象和水文观测资料，相邻建筑物和构筑物、地下工程的有关资料，并保证资料的真实、准确、完整。

建设单位因建设工程需要，向有关部门或者单位查询前款规定的资料时，有关部门或者单位应当及时提供。

第七条 建设单位不得对勘察、设计、施工、工程监理等单位提出不符合建设工程安全生产法律、法规和强制性标准规定的要求，不得压缩合同约定的工期。

第十一条 建设单位应当将拆除工程发包给具有相应资质等级的施工单位。

建设单位应当在拆除工程施工 15 日前，将下列资料报送建设工程所在地的县级以上地方人民政府建设行政主管部门或者其他有关部门备案：

（一）施工单位资质等级证明；

（二）拟拆除建筑物、构筑物及可能危及毗邻建筑的说明；

（三）拆除施工组织方案；

（四）堆放、清除废弃物的措施。

实施爆破作业的，应当遵守国家有关民用爆炸物品管理的规定。

第十二条 勘察单位应当按照法律、法规和工程建设强制性标准进行勘察，提供的勘察文件应当真实、准确，满足建设工程安全生产的需要。

勘察单位在勘察作业时，应当严格执行操作规程，采取措施保证各类管线、设施和周边建筑物、构筑物的安全。

第十三条 设计单位应当按照法律、法规和工程建设强制性标准进行设计，防止因设计不合理导致生产安全事故的发生。

设计单位应当考虑施工安全操作和防护的需要，对涉及施工安全的重点部位和环节在设计文件中注明，并对防范生产安全事故提出指导意见。

采用新结构、新材料、新工艺的建设工程和特殊结构的建设工程，设计单位应当在设计中提出保障施工作业人员安全和预防生产安全事故的措施建议。

设计单位和注册建筑师等注册执业人员应当对其设计负责。

第十四条　工程监理单位应当审查施工组织设计中的安全技术措施或者专项施工方案是否符合工程建设强制性标准。

工程监理单位在实施监理过程中，发现存在安全事故隐患的，应当要求施工单位整改；情况严重的，应当要求施工单位暂时停止施工，并及时报告建设单位。施工单位拒不整改或者不停止施工的，工程监理单位应当及时向有关主管部门报告。

工程监理单位和监理工程师应当按照法律、法规和工程建设强制性标准实施监理，并对建设工程安全生产承担监理责任。

第二十一条　施工单位主要负责人依法对本单位的安全生产工作全面负责。施工单位应当建立健全安全生产责任制度和安全生产教育培训制度，制定安全生产规章制度和操作规程，保证本单位安全生产条件所需资金的投入，对所承担的建设工程进行定期和专项安全检查，并做好安全检查记录。

施工单位的项目负责人应当由取得相应执业资格的人员担任，对建设工程项目的安全施工负责，落实安全生产责任制度、安全生产规章制度和操作规程，确保安全生产费用的有效使用，并根据工程的特点组织制定安全施工措施，消除安全事故隐患，及时、如实报告生产安全事故。

第二十三条　施工单位应当设立安全生产管理机构，配备专职安全生产管理人员。

专职安全生产管理人员负责对安全生产进行现场监督检查。发现安全事故隐患，应当及时向项目负责人和安全生产管理机构报告；对违章指挥、违章操作的，应当立即制止。

专职安全生产管理人员的配备办法由国务院建设行政主管部门会同国务院其他有关部门制定。

第二十七条　建设工程施工前，施工单位负责项目管理的技术人员应当对有关安全施工的技术要求向施工作业班组、作业人员作出详细说明，并由双方签字确认。

第三十条　施工单位对因建设工程施工可能造成损害的毗邻建筑物、构筑物和地下管线等，应当采取专项防护措施。

施工单位应当遵守有关环境保护法律、法规的规定，在施工现场采取措施，防止或者减少粉尘、废气、废水、固体废物、噪声、振动和施工照明对人和环境的危害和污染。

在城市市区内的建设工程，施工单位应当对施工现场实行封闭围挡。

第五十六条　违反本条例的规定,勘察单位、设计单位有下列行为之一的,责令限期改正,处 10 万元以上 30 万元以下的罚款;情节严重的,责令停业整顿,降低资质等级,直至吊销资质证书;造成重大安全事故,构成犯罪的,对直接责任人员,依照刑法有关规定追究刑事责任;造成损失的,依法承担赔偿责任:

(一)未按照法律、法规和工程建设强制性标准进行勘察、设计的;

(二)采用新结构、新材料、新工艺的建设工程和特殊结构的建设工程,设计单位未在设计中提出保障施工作业人员安全和预防生产安全事故的措施建议的。

第六十四条第(五)款:违反本条例的规定,施工单位有下列行为之一的,责令限期改正;逾期未改正的,责令停业整顿,并处 5 万元以上 10 万元以下的罚款;造成重大安全事故,构成犯罪的,对直接责任人员,依照刑法有关规定追究刑事责任:(五)未对因建设工程施工可能造成损害的毗邻建筑物、构筑物和地下管线等采取专项防护措施的。

施工单位有前款规定第(四)项、第(五)项行为,造成损失的,依法承担赔偿责任。

七、《建设工程勘察质量管理办法》

第五条第一款:建设单位应当为勘察工作提供必要的现场工作条件,保证合理的勘察工期,提供真实、可靠的原始资料。

第二十三条　违反本办法规定,建设单位未为勘察工作提供必要的现场工作条件或者未提供真实、可靠原始资料的,由工程勘察质量监督部门责令改正;造成损失的,依法承担赔偿责任。

八、《建设工程勘察设计管理条例》

第三十一条第二款:县级以上地方人民政府建设行政主管部门对本行政区域内的建设工程勘察、设计活动实施监督管理。县级以上地方人民政府交通、水利等有关部门在各自的职责范围内,负责对本行政区域内的有关专业建设工程勘察、设计活动的监督管理。

九、《最高人民法院　最高人民检察院　公安部印发〈关于办理盗窃油气、破坏油气设备等刑事案件适用法律若干问题的意见〉的通知》(法发〔2018〕18 号)

(一)关于危害公共安全的认定

在实施盗窃油气等行为过程中,破坏正在使用的油气设备,具有下列情形之一的,应当认定为刑法第一百一十八条规定的"危害公共安全":

1. 用切割、打孔、撬砸、拆卸手段的，但是明显未危害公共安全的除外；

2. 采用开、关等手段，足以引发火灾、爆炸等危险的。

（三）关于共犯的认定

在共同盗窃油气、破坏油气设备等犯罪中，实际控制、为主出资或者组织、策划、纠集、雇佣、指使他人参与犯罪的，应当依法认定为主犯；对于其他人员，在共同犯罪中起主要作用的，也应当依法认定为主犯。

在输油输气管道投入使用前擅自安装阀门，在管道投入使用后将该阀门提供给他人盗窃油气的，以盗窃罪、破坏易燃易爆设备罪等有关犯罪的共同犯罪论处。

（六）关于直接经济损失的认定

《最高人民法院、最高人民检察院关于办理盗窃油气、破坏油气设备等刑事案件具体应用法律若干问题的解释》第二条第三项规定的"直接经济损失"包括因实施盗窃油气等行为直接造成的油气损失以及采取抢修堵漏等措施所产生的费用。

对于直接经济损失数额，综合油气企业提供的证据材料、犯罪嫌疑人、被告人及其辩护人所提辩解、辩护意见等认定；难以确定的，依据价格认证机构出具的报告，结合其他证据认定。

油气企业提供的证据材料，应当有工作人员签名和企业公章。

第四章 燃气管道设施保护措施

第一节　第三方施工相关方主体责任

为避免第三方施工损坏燃气管线及设施事故的发生，各单位应各司其职，履好职尽好责，严格落实地下管线、设施保护的安全生产主体责任，切实保障地下燃气管线及设施安全平稳运行。

一、建设单位责任

（一）查明地下管线、设施资料。在工程项目开工前，建设单位应到档案管理部门、规划部门、燃气管线和设施权属单位查询并收集作业区域所有地下管线、设施资料，并按照有关规定办理相关施工手续、签订保护协议。作业区域无现状资料或地下管线、设施位置难以判断的，建设单位应委托有资质的单位进行地下管线普查。

（二）制定保护措施。建设单位应及时向勘察、设计、施工、监理单位提供真实可靠的地下管线、设施资料，做好管线交底工作。同时应督促勘察、施工单位会同权属单位制定地下管线、设施保护专项方案并落实到位。未取得地下管线、设施资料的，工程项目不予办理质量安全监督登记手续，不得勘察和开工作业。

（三）建立沟通机制。建设单位应会同施工单位与相关权属单位建立有效的沟通联系机制，加强信息沟通，委派管理人员负责牵头及时协商解决项目建设过程中遇到的问题，督促勘察、施工单位和作业人员落实有关要求，共同维护地下管线、设施安全。

二、勘察、施工单位责任

（一）健全管理机制。勘察、施工单位应建立健全地下管线、设施保护制度和管理流程，配备安全管理人员，切实加强现场管理，提高一线作业人员保护意识，严禁以包代管。

（二）落实保护措施。勘察、施工作业前，应会同建设、监理等参建单位和权属单位共同制定地下管线保护专项施工方案并严格落实。要组织人员现场踏勘，核实并充分了解施工现场及毗邻区域的地下管线、设施情况并向作业人员进行交底。对管线数据不清晰的点位，应采取措施进行人工探测，确保管线安全。

（三）严禁盲目开工、冒险作业。工程开工前，施工单位应主动联系燃气管线权属单位，提出地下管线基础数据交底、人员现场技术指导的请求。严禁在未查明地下管线、设施资料，未制定并落实保护措施的情况下，盲目开工、冒险作业。建设单位强令开工作业的，勘察、施工单位应拒绝并报告相应专业工程主管部门。

三、设计单位责任

（一）设计科学、合理。建设工程现场及毗邻区域内有燃气管线及设施的，设计单位应按照法律、法规、工程建设强制性标准、燃气设计标准进行设计，防止因设计不合理出现工程与燃气管线及设施安全间距不足的情况。

（二）建设工程现场及毗邻区域内有燃气管线及设施的，设计单位应考虑施工安全操作和防护的需要，在设计文件中注明施工安全的燃气管线及设施，并对防范施工损坏燃气管线及设施的发生提出指导措施建议。

四、监理单位责任

（一）监理单位应督促勘察、施工单位核实地下管线、设施资料，制定专项保护方案并严格按方案施工。

（二）在涉及地下管线、设施施工时，应进行旁站监理。在勘察、施工过程中，监理单位发现存在危及地下燃气管线及设施安全隐患时，应要求有关单位及时进行整改。情况严重的，应要求暂时停止施工，并及时报告建设单位。勘察、施工单位拒不整改或者不停止施工的，工程监理单位应当及时向有关主管部门报告。

五、燃气管线权属单位责任

（一）燃气管线权属单位应完善地下管线及设施标识，提高现场辨识度。

（二）要加强档案管理，确保地下管线信息真实、准确。

（三）要制定并公开地下管线、设施查询工作流程和标准，积极配合建设、设计、勘察、施工单位做好查询工作。

（四）要加强对勘察、施工作业现场及其周边权属管线的巡查，及时提供技术支持，发现危及管线安全的行为时，要及时制止。一旦发生损坏地下管线情况，要立即采取应急处置措施，做好抢险维修工作，防止事态扩大。

（五）做好预防管网第三方施工损坏的安全宣传及告知，提高各相关单位安全意识，预防减少管网第三方事故损坏发生。

（六）加强应急能力建设，一旦发生第三方施工损坏燃气管道事故，及时启动应急预案，组织抢险，控制事态。

第二节　燃气管道设施保护实施

在燃气主管部门和安全管理部门的有效监管下，燃气企业加强第三方施工监护，可以有效降低管道事故的发生。

一、第三方施工单位办理监护手续

（一）工程开工前，第三方施工单位要主动联系燃气公司告知燃气公司项目施工信息，并向燃气公司提供建设工程的施工范围、内容、工期以及建设红线总平面图等资料。

（二）燃气公司接到建设单位提供的施工信息和施工资料后，在2个工作日内核准施工范围及影响区域内是否存在地下燃气管道及设施，并向第三方施工的建设单位、施工单位和监理单位提供该施工及影响范围内燃气管道及设施的图纸资料。

二、现场交底

（一）现场勘察与确认。燃气管道及设施的具体位置必须通过现场探查核实确认。建设单位依据已取得施工及影响范围内燃气管道及设施的图纸资料，组织施工单位、监理单位、燃气公司共同进行断面开挖探查，以确定施工现场燃气管道的实际具体位置，明确燃气管道及设施的安全保护范围及安全控制范围，将详细情况及有关说明填入《施工现场燃气管道及设施确认表》内"施工现场燃气管道及设施、保护范围、控制范围示意及说明"栏（见附件）。现场勘察与确认的内容，应包括以下4个方面：（1）管道属性数据：管道壁厚、材质、直径、长度、设计压力、投产时间等数据；（2）管道建设数据：地理坐标、高程、埋深、敷设方式、弯管和弯头情况、穿越和跨越情况；（3）燃气管道及附属设施的完整性；（4）第三方在管道周边施工的注意事项；（5）施工区域附近的居民、工商业用户情况，图4-1为现场交底流程。

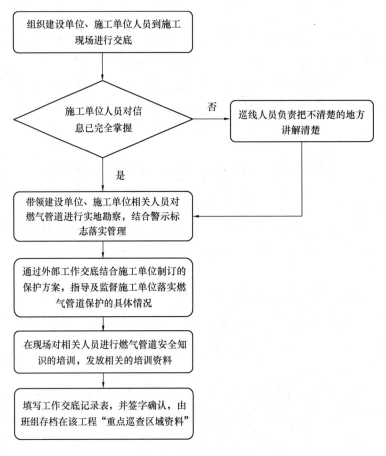

图 4-1　现场交底流程

（二）增设燃气管道安全警示标识。燃气公司在已探明的燃气管道及设施上方设置警示带、警示旗、警示牌等安全警示标识，并将标识详细情况及有关说明填入《施工现场燃气管道及设施确认表》内"施工现场燃气管道及设施警示标识布置及数量示意及说明"栏（见本章附件二）。根据施工现场对燃气管道的影响程度，必要时在施工现场增设临时看护棚，增加临时监护人员，监护人员要对现场警示标志进行维护和增补，保持施工现场警示标志的有效性。

三、制定保护方案、签订安全防护协议

（一）第三方施工单位根据燃气管道已探明的情况、燃气管道保护和控制范围，组织编制相应的燃气管道及设施保护方案和应急处置措施。燃气管道及设施保护方案和应急处置措施经监理单位审核，第三方施工的建设单位盖章认可后，报燃气公司备案，四方共同签订燃气管道及设施保护

协议。燃气公司负责向当地燃气主管部门和安全管理部门报备第三方施工方案、应急处理措施和管道及设施保护协议。

（二）燃气管道及设施保护方案和应急处置措施编制完成后，可视情况组织专家论证。

（三）燃气公司在收到由建设单位提交的该工程燃气管道及设施保护方案和应急处置措施，四方签订《施工现场燃气管道及设施安全保护协议》后，应在1个工作日内给予办理《施工现场燃气管道及设施确认表》。

（四）第三方施工的建设单位也可以有偿委托燃气公司编制和实施燃气管道保护方案，费用双方协商。

四、开展第三方作业人员安全教育培训

（一）在燃气管线附近的大型施工，燃气公司管道管理相关人员应在第三方施工开工前，到第三方施工项目部对项目负责人、施工现场负责人、技术员、安全员、监理人员、施工人员进行安全教育培训，让施工人员深刻意识到破坏燃气管道会造成的严重后果，从而提高施工人员的责任心和职业道德，避免出现野蛮施工的现象。培训方式包括：座谈会、现场办公会、参观学习等多种形式。

（二）第三方培训与宣传的主要内容：

1. 市政燃气管道破坏事故案例。

2. 天然气的性质及特点。

3. 认识燃气管道、设施及标志。

4. 燃气管道保护的相关法规简要介绍。

5. 施工工地燃气管道保护的常见问题及保护措施。

6. 燃气管道最有效的保护方法：联系与沟通。

（三）第三方培训与宣传流程见图4-2。

五、落实安全防护措施

（一）第三方施工单位在施工前，应提前告知燃气公司工作人员，在监护人员未到达施工现场前，不得进行影响燃气管道安全的作业。

（二）在施工过程中，第三方施工相关单位要严格按照相关规章制度、燃气管道保护方案和操作规程施工。在未确定燃气管道及设施具体位置的情况下，应先采用探管仪、测绘定位设备进行管道探测定位，再人工开挖，探明管道详细的位置。在管道位置和埋深不详的情况下严禁使用机械施工。

（三）管道保护施工图纸资料、施工现场交接情况。一方面，施工单位应将管道图纸等资料落实至施工现场一线班组、施工人员；另一方面，上下班的交接过程中，各班组负责人要对管道设施完整性、位置、埋设、走向及安全警示标识交接到位。燃气公司制作燃气管道标牌挂设在施工现场。

（四）对影响燃气管线安全的施工，燃气公司监护人员应全程监护，积极配合施工单位安全通过燃气管线区域。

六、建立信息联络机制

（一）建立预警机制

1. 政府主管部门应负责采集电信、电力、自来水、雨污水等地下管线的详细资料，资料来源主要由地下管线权属单位提供，城建主管部门也可以委托专业机构进行普查，保证地下管线的资料翔实。城建主管部门与地下管线权属单位建立地下管线互保机制，相互之间要加强沟通、密切配合，确保各自管线安全平稳运行。

2. 燃气经营单位应与市政、规划、公共资源交易中心等部门保持工作联系，经常进行信息沟通与交流，确保及时获得规划信息，便于提前与施工单位对接、交底。

3. 燃气经营单位要与自来水、排水、污水、通信、电力、热力等企

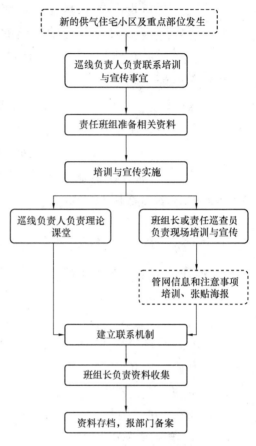

图 4-2 第三方培训与宣传流程

注：

1. 新通气住宅小区（包括工商业，以下同）供气前或重点部位开工前，必须纳入培训与宣传计划。

2. 巡查负责人在新通气住宅小区供气前或重点部位开工前3个工作日之内，与项目相关人员（建设、施工单位的项目负责人）联系，确定培训与宣传事宜，包括培训时间、地点、参加的对象和人数等，以及是否使用投影等。

3. 培训事项确定后准备管网信息、宣传手册、海报、图纸、签到表、照相机等相关资料和用品。

4. 按照计划实施培训与宣传，对项目管理、技术类人员重点讲授理论；对项目组长和作业人员着重讲解管网信息和保护注意事项培训。培训时发放宣传手册并在有条件的地方张贴海报。

5. 确定燃气管道及设施保护事宜联系人，建立联系机制。

6. 现场培训与宣传可与重点部位交底同时进行。

业建立长期、高效的信息沟通机制，提前收集管道第三方施工信息，早准备、早介入、早控制。

（二）先期信息沟通

1. 第三方查询施工区域内燃气管线信息的方式

在工程开工前，第三方可以通过以下 3 种途径确定施工现场及毗邻区域内是否有地下城市天然气管道，为确保城市天然气管道的相关信息准确，建议以下 3 种途径同时综合使用。

（1）在工程设计前，建设单位会组织勘察设计单位进行地下管线普查，施工单位可以依据地下管线分布图了解地下城市天然气管道的相关信息。

（2）在城建档案馆、勘察测绘研究院可以查询到施工范围内地下城市天然气管道的相关信息。

（3）工程开工前，第三方要以书面告知函形式通知燃气公司，向燃气公司索要地下燃气管道竣工图复印件，并向燃气公司提出指派专门人员到施工现场交底需求。

2. 燃气经营单位获取第三方施工信息的方式

（1）综合考虑燃气管道及设施的可靠性、供应用户的规模和重要性，以及所遭受威胁的不同程度，建立分级巡查与保护的工作模式。分级管理在巡查和保护工作中实现了抓住主要矛盾、分清主次，突出重点、兼顾一般的目的，燃气管道巡查员可以及时发现第三方施工行为，并采取针对性的措施做好第三方施工监护工作，确保管道安全。

（2）燃气公司应定期走访燃气管线周边的企业、村委会、居委会、物业等机构，及时获取管线周边的施工信息。

（3）广泛动员，发动群众的力量。燃气公司、公安部门、应急管理部门要定期联合组织开展石油天然气管道保护宣传，发动群众的力量，鼓励和奖励群众举报野蛮施工、非法施工的事件，及时掌握燃气管线附近的施工动态，确保燃气管线安全。

（4）燃气管网巡查员在巡查过程中，要善于、勤于与其他管道管网设施巡查人员（如国防光缆巡护员）进行沟通交流，互留联系方式，共享第三方施工信息。当燃气管线周边发生施工时，信息联络员可将施工信息及时报告至巡查员。

（5）查询重点工程建设项目计划。每一年，政府相关职能机构都会通过网络发布重点工程建设项目计划，燃气公司可通过重点工程建设项目计划，提前了解本辖区内的重点工程信息，便于第一时间与政府相关职能机构、建设单位、施工单位沟通，做好燃气管线的防护措施。

（6）参加政府基建承接部门的可研及方案会审会议。住房城乡建设部门、市政部门（或城市管理部门）、公路部门等政府部门，城建国投公司、交通国投公司等地方国企往往承担着交通枢纽、国省干道、市政道路的新建、改（扩）建任务，易与燃气管线发生交叉施工，因此，通过燃气主管部门，与上述建设单位在项目开工前进行接洽，有利于及时了解项目方案及进展情况，便于提前预判，提出涉及燃气管线保护的方案和建议。

（三）发现异常处理

1. 未办理会签手续的第三方施工。燃气管网巡查员在巡查过程中，发现有未办理会签手续的第三方在管道周围施工时，应立即阻止第三方继续施工，要求第三方到燃气公司办理相关手续，并上报巡查组长现场情况。巡查组长接到燃气管道巡查员的汇报后，应立即派出监护人员24h监视第三方施工活动，防止第三方偷干、蛮干，擅自施工导致燃气管道破坏。

2. 第三方野蛮施工。第三方施工人员往往为了赶工期、省力气，不听燃气企业现场监护人员的指挥和劝阻，执意野蛮施工，对于这种行为，现场监护人员要敢于上前阻止，并立即上报公安部门和燃气公司领导，确保燃气管道安全。

3. 围挡或围墙内的第三方施工。围挡或围墙内的第三方施工具有隐蔽性，不易发现其施工行为、施工进度，容易发生第三方损坏事件。通过以下三种措施，可以有效降低损坏管道的风险：第一，燃气管道巡查员与施工方负责人交底的时候，要求施工方负责人要将现场交底情况传达至所有班组、组员；第二，增加对围挡或围墙内燃气管道的巡查频次；第三，通过加密标志桩、地上标示贴、警示旗和围墙喷涂警示语等方式，提示施工人员施工区域内燃气管道的位置；第四，第三方施工结束后，必须将管道交叉位置处的围墙更换为可视的围栏。

4. 不能确定管道位置、埋深、走向等管道建设数据。由于管道的竣工资料丢失或不准确，很难确定管线具体的位置、埋深、走向等管道建设数据，应先使用探管仪或探地雷达（地质雷达）进行管道探测定位，再人工开挖验证，未验证管道详细参数的情况下，不得动用机械施工，不能为了赶工期、图省事，使用机械野蛮施工。

第三节 附 件

附件一：燃气管道及设施安全保护操作流程

见附图 4-1。

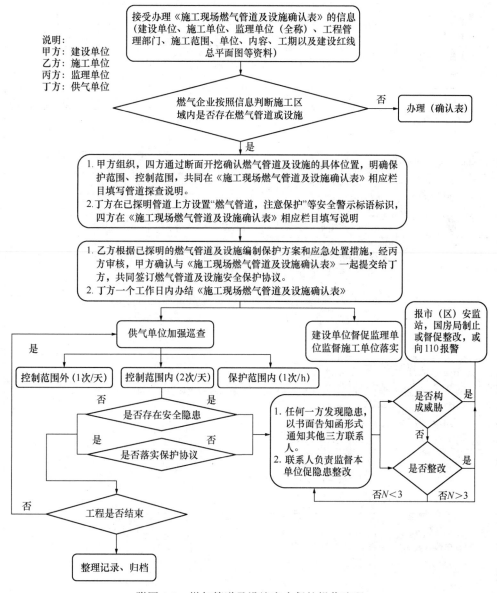

附图 4-1 燃气管道及设施安全保护操作流程

附件二：施工现场燃气管道及设施确认表

见附表4-1。

施工现场燃气管道及设施确认表 附表 4-1

工程项目名称						
工程地址						
工程内容	道路改造	基础探查	基坑开挖	护坡保护	穿越、顶管	其他
施工工期						
建设单位名称			项目联系人			
单位地址			移动/办公电话			
施工单位名称			项目联系人			
单位地址			移动/办公电话			
项目经理		资格证书号			联系电话	
监理单位名称			项目联系人			
单位地址			移动/办公电话			
项目总监理工程师		资格证书号			联系电话	
供气单位名称			联系人			
			电话			
安监单位		负责人			联系电话	

施工现场燃气管道及设施、保护范围、控制范围示意及说明（可另外附图）

施工现场燃气管道及设施警示标识布置及数量示意和说明（可另外附图）

建设单位（盖章） 签名：	施工单位（盖章） 签名：	监理单位（盖章） 签名：	供气单位（盖章） 签名：

88

附件三：施工现场燃气管道及设施安全保护协议

施工现场燃气管道及设施安全保护协议

甲方：建设单位（全称）

乙方：施工单位（全称）

丙方：监理单位（全称）

丁方：_____燃气公司

根据《中华人民共和国安全生产法》《中华人民共和国建筑法》《建设工程安全生产管理条例》（国务院 393 号令）等法律法规的规定，为保护施工现场燃气管道及设施的安全，防止事故发生，经四方协商，达成以下施工现场燃气管道及设施的安全保护协议：

第一条 甲方在工程开工前，应将城建档案部门出具的地下综合管线查询结果，以及位于_____市_____区_____路的_____工程的施工范围、内容、工期以及建设红线总平面图等资料提供给丁方，并落实专人负责与丁方联络具体事宜。

第二条 丁方接到甲方提供的有关资料后，在 2 个工作日内核准施工范围及影响区域内是否存在地下燃气管道及设施，并向甲方、乙方和丙方提供该施工及影响范围内燃气管道及设施的图纸资料。

第三条 燃气管道及设施的具体位置必须通过现场探查核实确认。甲方依据已取得施工及影响范围内燃气管道及设施的图纸资料，组织乙方、丙方、丁方共同进行断面开挖探查，以确定施工现场燃气管道的实际具体位置，明确燃气管道及设施的安全保护范围及安全控制范围，将详细情况及有关说明填入《施工现场燃气管道及设施确认表》内"施工现场燃气管道及设施、保护范围、控制范围示意及说明"栏（见本章附件二）。

丁方在已探明的燃气管道及设施上方设置"燃气管道，注意保护"等安全警示标识，将标识详细情况及有关说明填入《施工现场燃气管道及设施确认表》内"施工现场燃气管道及设施警示标识布置及数量示意和说明"栏（见本章附件二）。

第四条 燃气管道设施的安全保护范围及安全控制范围：

安全保护范围：

1. 低压、中压管道管壁及设施外缘两侧 0.5m 范围内的区域；

2. 次高压管道管壁及设施外缘两侧 1.5m 范围内的区域；

3. 高压、超高压管道管壁及设施外缘两侧 5m 范围内的区域。

安全控制范围：

1. 低压、中压管道的管壁及设施外缘两侧 0.5～5m 范围内的区域；

2. 次高压管壁及设施外缘两侧 1.5～15m 范围内的区域；

3. 高压、超高压管道管壁及设施外缘两侧 5～50m 范围内的区域。

第五条　乙方根据燃气管道已探明的情况、燃气管道保护和控制范围，由项目经理组织编制相应的燃气管道及设施保护方案和应急处置措施。燃气管道及设施保护方案和应急处置措施经丙方项目总监理工程师审核，甲方盖章认可后，报丁方备案，四方共同签订《施工现场燃气管道及设施安全保护协议》。

在燃气管道及设施保护方案和应急处置措施编制过程中，丁方应予以指导，产生争议的，由市建设局组织专家论证后协调解决。

第六条　丁方在收到由甲方提交的该工程燃气管道及设施保护方案和应急处置措施，四方签订《施工现场燃气管道及设施安全保护协议》后，应在 1 个工作日内给予办理《施工现场燃气管道及设施确认表》。

第七条　甲方对整个施工过程中施工现场燃气管道及设施的安全负总责，乙方负责燃气管道具体保护措施的实施及管道警示标识（"燃气管道，注意保护"）的保护，丙方应对保护方案和应急处置措施实施情况进行现场监督；丁方应落实燃气管道的巡查工作，作好紧急应对准备。

第八条　各方应明确该工程项目联系人，负责在整个施工期间各自所辖责任范围内安全保护和协调工作。联系人不得以任何理由拒绝签收其他联系人签发的通知书或联系函，联系人如需变动的，应书面通知其他三方并签收确认。

第九条　乙方在工程开工前，应根据施工现场的实际情况和施工方案，将已制定的燃气管道及设施保护方案和应急处置措施通过技术交底方式落实到相应工作层面作业班组负责人和具体作业人，丙方项目监理人员应参加并在纪要上签名确认。

第十条　工程开工后，丁方在正常施工作业时间（8：00～18：00）按 1 次/d 对施工现场的燃气管道及设施进行巡查；当施工作业在控制范围内时按 2 次/d 的频次进行巡查，当施工作业在保护范围内时，中压燃气管线按 1 次/h 的频次进行巡查，高（次高）压燃气管线进行旁站监护；

对在控制范围和保护范围内的施工，施工单位应提前 24h 函告供气单位；施工作业需超出正常施工作业时间之外，以及施工工期发生变更时，乙方联系人应提前24h以书面形式将变更告知其他联系人并签收确认；

施工作业方案发生变更需修改燃气管道保护方案和应急处置措施时，乙方应将修改后的方案经丙方和甲方审核确认后函告丁方，同时，按照第九条要求落实到具体作业人。

丁方在接到变更告知函后，应及时安排好巡查工作，按照要求的频度进行巡查。

第十一条 在施工过程中应严格遵守以下规定：

（一）在燃气管道设施的安全保护范围内，禁止下列行为：

1. 建造建筑物或者构筑物；

2. 堆放物品或者排放腐蚀性液体、气体；

3. 进行机械开挖、爆破、起重吊装、打桩、顶进等作业。

（二）不得擅自移动、覆盖、涂改、拆除、破坏燃气设施及安全警示标志；道路施工完成时必须埋设相应的标志桩；

（三）在没有采取有效的保护措施前，不得在燃气管道及设施上方开设临时道路，不得在燃气管道及设施上方停留、行走载重车辆、推土机等重型车辆；

（四）禁止其他严重危害燃气管网安全运行的行为。

第十二条 在施工过程中遇到复杂、特殊情况，可能危及燃气管道及设施的安全运行时，丙方应签发停工令，要求乙方立即停止施工。乙方会同甲方、丙方和丁方，重新编制燃气管道及设施保护方案和应急处置措施，经丙方项目总监理工程师审核和甲方签字认可，报丁方备案，丙方签发复工令后方可恢复施工。

第十三条 丁方在巡查中发现产生燃气管道安全隐患时，应以书面告知函的形式通知其他三方项目联系人，由项目联系人负责督促隐患整改。

任何一方发现有危害或可能危害燃气管道及设施安全运行的行为时，应立即制止危害行为，乙方施工人员必须服从。制止无效时，应立即向市（区）安全监督部门、国土和房产部门等单位报告，情况紧急时，可立即报110协助。

第十四条 造成燃气管道及设施损坏的处理方式

1. 防腐层损坏

乙方施工人员应立即停止施工，通知甲方、丙方、丁方联系人。丁方应立即组织修复作业并现场取证，修复完工后，甲方应责成事故责任单位及时支付修复费用。

2. 燃气设施损坏供气中断（未漏气）

乙方施工人员应立即停止施工，保护现场，立即通知甲方、丙方、丁方联系人，并根据影响用户范围级别上报市（区）建设主管部门。丙方发出停工令，丁方立即组织抢修，甲方责成事故责任单位及时支付修复费用。建设主管部门根据影响范围按照《＿＿＿＿市燃气条例》等有关规定对责任单位进行相应的处罚。

3. 燃气管道破裂泄漏或爆炸

乙方施工人员应立即停止施工，保护现场，组织附近人员疏散，救治受伤人员，向 110 报警。向丁方通报，按事故级别上报市（区）建设主管部门，同时，立即通知甲方、丙方、丁方联系人。

甲方、丙方、丁方接到报告后立即启动应急预案，组织开展应急抢险工作。

有关部门按照《＿＿＿＿市燃气条例》等规定组织对事故进行调查，并对事故责任单位和责任人进行处罚。

甲方应责成事故责任单位及时对由于燃气管道及设施破坏造成的直接损失和间接损失进行赔偿。

第十五条　本协议自四方签字盖章之时起生效，至该建设工程完工后自动失效，正本四份，四方各执一份，均具同等效力。

甲方：（签章）	乙方：（签章）
法定代表人：	法定代表人：
委托代理人：	委托代理人：
地址：	地址：
联系人：	联系人：
24h 联系电话：	24h 联系电话：
＿＿年＿＿月＿＿日	＿＿年＿＿月＿＿日
丙方：（签章）	丁方：
法定代表人：	法定代表人：
委托代理人：	委托代理人：
地址：	地址：
联系人：	联系人：
24h 联系电话：	24h 联系电话：
＿＿年＿＿月＿＿日	＿＿年＿＿月＿＿日

附件四：厦门市地下燃气管线安全咨询意见书（暨燃气管线安全保护协议）

见附表4-2。

厦门市地下燃气管线安全咨询意见书（暨燃气管线安全保护协议） 附表 4-2

工程项目名称			
工程地址			
工程范围	（仅限建设单位提供相关施工图纸范围）		
施工工期	___年___月___日起至___年___月___日止		
建设单位名称		施工单位名称	
单位地址		单位地址	
项目联系人		项目联系人	
移动/办公电话		移动/办公电话	
项目经理		项目经理	
联系电话		联系电话	
本单位保证所提供的用于燃气管道安全咨询的___张工程施工图纸资料的准确、真实和完整，并知晓本次安全咨询范围仅限我司提供的相关施工图纸范围，超过上述范围，应另行进行燃气管线安全咨询。我单位将按要求在施工前完成《工程施工对燃气管道及设施保护方案》，并愿按_____燃气有限公司咨询意见和《建设施工燃气管道设施安全保护要求》组织建设，确保地下燃气管道及设施的安全，并愿承担违反相关规定而造成燃气设施损坏或燃气事故的全部法律责任。 建设单位（公章） 负责人签名： ___年___月___日		本单位保证将按《工程施工对燃气管道及设施保护方案》、燃气公司咨询意见和《建设施工燃气管道设施安全保护要求》相关要求进行施工，确保施工期间地下燃气管道及设施的安全，并愿承担违反相关规定而造成燃气设施损坏或燃气事故的全部法律责任。 施工单位（公章） 负责人签名： ___年___月___日	
燃气公司咨询意见： 其他： 燃气公司（公章） 咨询负责人签名： ___年___月___日			
联系人		联系电话	抢修电话

厦门市建设施工燃气管道设施安全保护要求

根据《福建省燃气管理条例》《厦门市燃气管理条例》《水平定向钻进管线铺设工程技术规程》等法律、法规和标准，提出以下建设施工燃气管道设施安全保护要求，请予遵守。

建设单位应负责将燃气公司提供的施工及影响范围内燃气管道及设施

的图纸资料移交本工程项目的所有施工单位。施工单位应对燃气管道设施安全保护工作逐级落实；

一、由于周边环境发生变化等原因，燃气管道及设施的图纸资料标注与现场可能会有一定的误差，建设单位应组织对燃气管道及设施的具体实际位置进行现场探测和地下物探；

二、建设单位或施工单位应在已探明的燃气管道及设施上方设置安全警示标识；

三、建设单位应组织编制相应的《工程施工对燃气管道及设施保护方案》并监督落实施工单位认真遵守执行；

四、建设单位应在工程每个涉及燃气设施安全的分项工程动工前5个工作日通知厦门华润燃气有限公司，当工程将在燃气管道安全控制范围内施工时，施工单位应提前3个工作日通知；

五、当工程将在燃气管道安全保护范围内施工时，施工单位应提前24h通知；

六、在施工过程中应严格遵守以下规定：

（一）在燃气管道设施的安全保护范围内，禁止下列行为：

1. 建造建筑物或者构筑物；

2. 堆放物品或者排放腐蚀性液体、气体；

3. 进行机械开挖、爆破、起重吊装、打桩、顶进等作业。

（二）在没有采取有效的保护措施前，不得在燃气管道及设施上方开设临时道路，不得在燃气管道及设施上方停留、行驶载重车辆、推土机等重型车辆。

（三）顶管和定向穿越工程，穿越作业管线位置与燃气管线和设施的净距应大于2m。

（四）禁止其他严重危害燃气管网安全运行的行为。

七、燃气公司在监督检查过程中发现施工可能危及燃气管道及设施的安全运行时，有权要求施工单位停止施工并发放《违章施工停工通知单》；建设单位应督促予以整改，经确认危及燃气管道及设施的安全运行因素已经消除，方可恢复施工。

八、如施工过程中造成燃气管道设施防腐层损坏，燃气管道设施损坏及燃气管道破裂泄漏或爆炸，施工单位应立即停止施工，拨打燃气公司抢修电话，报警抢修。

九、施工应保证构筑物和其他管线与燃气管道之间的安全间距，燃气管道埋设深度符合现行国家标准《城镇燃气设计规范（2020 年版）》GB 50028 的要求，建设、施工单位不得擅自移动、覆盖、涂改、拆除、裸露、悬空等破坏燃气管道设施及安全警示标志。

附件五：某市政改造工程燃气管道保护专项施工方案

某市政改造工程燃气管道保护专项施工方案

本工程处于交通量大的繁华路段，原来的地下管线复杂，且物探资料距今时间较长，实际情况可能发生了改变，为使本工程早日竣工和保证施工质量及安全，按本方案进行保护。

一、工程概况

本标段设计起点为＿＿＿，终点为＿＿＿，路线全长 3.72km。本标段主要位于＿＿＿路＿＿＿＿＿段，主要将道路中央分隔带由原设计 0.6m 宽的中央防撞墙调整为 3.0m 宽的中央绿化带，原设计 4.5～5.0m 宽的人行道及自行车道加宽为 2.5m 自行车道＋1.5m 绿化带＋4.0m 人行道，同时将原设计局部路段的双向六车道加宽至双向八车道，以满足公交专用道的设置。主要包括：路基、桥涵、给水排水、电力电信、燃气、照明、交通疏解和沥青混凝土路面等工程。

项目沿线地下管线众多，但不成系统，管线乱拉乱接现象严重，沿线分布有燃气、给水、雨水、污水、电力、电信等管线，分布错综复杂。

二、管线保护方案

（一）管线保护目标

工程施工全过程中应无地下管线责任事故。

（二）管线保护责任制

为了切实做好地下管线保护工作，强化"谁承包，谁负责"的原则，本工程实行地下管线保护责任制，项目经理为本工程的地下管线保护责任人。

（三）管线保护组织机构

1. 组长：

2. 副组长：

3. 成员：

（四）管线保护的前期调查分析

首先在工程施工前，加强对施工区域管线的调查工作，将工作做在前面，防患于未然。

1. 重视技术：技术负责人在制定施工组织设计方案时，已从现状管线保护角度考虑方案的可操作性和安全性，从方案上保证管线安全。

2. 重视施工过程：在施工前，首先根据物探图，摸清现状各管线的管位和走向，对明确的管线按 20m 距离打一样洞，确认其埋深和走向，在管线转角处，须找到转角位置，明确角度变化后管线的走向，并插小木牌，小木牌标明管线名称、走向、埋深等。在用挖掘机进行沟槽开挖时，管线保护员、施工员随时监测，并指挥操作。在整个开挖过程中，各岗位均要人员到位，严禁擅自离岗。挖掘机驾驶员须有较高的业务水平，并有良好的配合意识，能坚决服从指挥。

3. 如在施工路段有现状管线，则根据不同的管线性质、管道材料情况，分别采取行之有效的保护措施，确保管线安全无事故。

（五）管线保护管理措施

1. 工程实施前，向有关单位提出监护书面申请，办妥相关管线保护手续。邀请相关单位对管线保护进行交底，对施工现场地下管线的详细情况和专业单位对制定管线保护措施提供的意见，向项目经理、现场技术负责人、施工员、组长和操作工交代清楚，并协助项目部建立《保护地下管线责任制》，明确各级人员的责任。

2. 落实保护地下管线的组织措施，管线单位委派管线保护专职人员协助本工程地下管线的监督保护，项目部现场管理人员与各施工队、各班组的兼职管线保护人员，组成地下管线监护体系，严格按照监理公司审定批准的施工组织和管线管理单位认定的保护地下管线技术措施进行施工，并设置必要的管线安全标志牌、警示牌。

3. 对受施工影响的地下管线设置若干沉降观测点，工程实施中，定期观测管线的沉降情况，及时向建设单位和有关管线管理单位提供观测点布置图与沉降观测资料。

4. 成立由建设单位、管线管理单位和施工单位参加的现场管线保护领导小组，定期开展活动，检查管线保护措施的落实情况和保护措施的可靠性。

5. 工程施工中，严格按照经审定的施工组织设计与本方案技术措施的要求进行施工，各级管线保护负责人深入施工现场监护地下管线、督促操作（指挥）人员遵守操作规程，严禁违章操作、违章指挥和违章施工。

6. 施工过程中发现管线现状与交底内容、资料不符等异常情况时，立即通知建设单位和有关管线管理单位到现场研究，商议补救措施，在未作出统一结论前，不得擅自处理或继续施工。

7. 施工过程中如果发生意外情况，应严格按照本方案制订的应急预案处理。

（六）管线保护施工方法说明

见第三章第四节四。

附件六：燃气管道及设施遭受破坏处理流程

见附图 4-2。

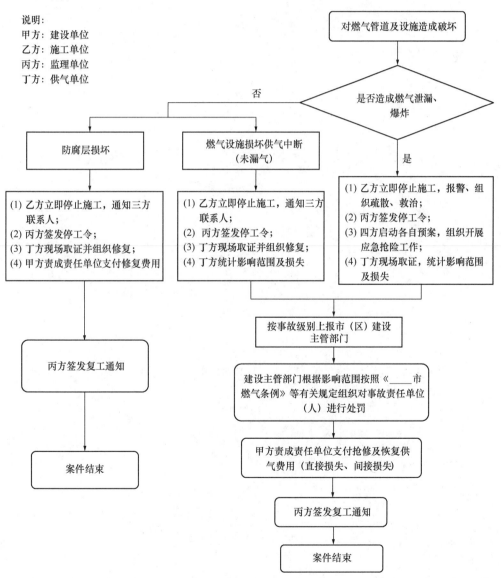

附图 4-2　燃气管道及设施遭受破坏处理流程

第五章　第三方施工损坏燃气管道的应急管理

由于燃气的易燃易爆性以及城镇燃气管道设施的开放性，燃气管道极易受到第三方施工损坏。燃气管道一旦遭到第三方施工损坏，会引发泄漏、停气、火灾和爆炸等燃气事故，由此给公众的生命和财产安全带来极大的威胁。

为有效控制和消除第三方施工损坏燃气管道事故的危害，保护人民生命和财产安全，高效、有序地进行燃气突发事故应急处置工作，最大限度减少燃气突发事故造成的损失，维护社会稳定，并确保在处置过程中充分、合理地利用各种资源，建立政府、行业及企业之间分工明确、职责清晰、优势互补、常备不懈的应急体系，提高燃气行业防灾、减灾的综合管理能力和抗御风险能力，燃气企业应做好以下几点：第一，建立一套完善的应急管理体系和一支过硬的应急抢险队伍；第二，加强应急培训及演练，提高应急处置能力和水平；第三，做好与政府应急管理、行业主管、公安等部门以及医疗救护、地下管线权属单位的应急联动。

第一节　燃气突发事故应急预案管理

燃气突发事故，是指在生产、储存、输配、使用燃气的过程中突然发生的泄漏、火灾、爆炸及供气中断等突发事故，造成或可能造成人身伤亡、重大财物损失、城市公共安全问题等需要立即处置的危险、紧急状况。

燃气企业应根据《生产安全事故应急预案管理办法》、现行国家标准《生产经营单位生产安全事故应急预案编制导则》GB/T 29639 以及当地政府燃气应急预案等要求，编制企业内部综合、专项应急预案和现场处置方案，要与政府主管部门、应急救援队伍和涉及的其他单位的应急预案相衔接，并按规定报政府主管部门备案。燃气企业应当制定本单位的应急预案演练计划，根据本单位的事故风险特点，定期组织一次应急演练。

按照事故的性质、严重程度、可控性、影响范围、潜在危险程度和可能的发展趋势，燃气事故一般分为四个级别：Ⅰ级（特别重大事故）、Ⅱ级（重大事故）、Ⅲ级（较大事故）和Ⅳ级（一般事故），预警颜色分别用红色、橙色、黄色和蓝色表示。

一、Ⅰ级（特别重大事故、红色预警）

1. 事故造成 30 人以上死亡，或者 100 人以上重伤，或者 1 亿元以上直接经济损失的。

2. 造成 5 万户以上城镇居民用户中断燃气供应 48h 以上的。

3. 燃气安全事故引发的次生灾害，造成铁路、高速公路运输长时间中断，或者造成供电、通信、供水、供热等系统无法正常运转，使城市基础设施全面瘫痪的。

二、Ⅱ级（重大事故、橙色预警）

1. 事故造成 10 人以上 30 人以下死亡，或者 50 人以上 100 人以下重伤的，或者 5000 万元以上 1 亿元以下直接经济损失的。

2. 造成 3 万户以上 5 万户以下城镇居民用户中断燃气供应 48h 以上的。

3. 燃气安全事故引发的次生灾害，严重影响到其他市政设施正常使用，并使局部地区瘫痪的。

4. 事故发生在重要会议代表驻地、重要对外窗口等敏感部位，可能造成重大国际影响的。

三、Ⅲ级（较大事故、黄色预警）

1. 事故造成 3 人以上 10 人以下死亡，或者造成 10 人以上 50 人以下重伤的，或者 1000 万元以上 5000 万元以下直接经济损失的。

2. 造成 1 万户以上 3 万户以下城镇居民用户中断燃气供应 24h 以上 48h 以下的。

3. 发生在城市主干道上，造成交通中断的。

4. 发生在大型公共建筑或者人群聚集区，如广场、车站、医院、大型商场超市、重要活动现场、重要会议代表驻地及本市重点防火单位等，造成人员伤亡的。

四、Ⅳ级（一般事故、蓝色预警）

1. 事故造成 3 人以下死亡，或者造成 10 人以下重伤的，或者 1000 万元以下直接经济损失的。

2. 造成 5000 户以上 1 万户以下城镇居民用户中断燃气供应 24h 以

下的。

五、应急处置方案编制

燃气企业应根据自身情况编制第三方施工损坏应急处置方案，并定期组织培训及演练。

（一）第三方施工损坏应急处置方案主要内容包括：

1. 抢险应急行动要点。

2. 应急处置方案综合信息表。

3. 重点巡查部位第三方损坏事故处置作业图。

4. 现行国家标准《生产经营单位生产安全事故应急预案编制导则》GB/T 29639 要求的其他内容。

（二）第三方施工损坏应急处置方案应按以下原则编制：

1. 快速反应原则。能够迅速调配人员、车辆和机具。根据巡查员负责的范围、抢险员的作业计划，结合 GPS、北斗、微信共享实时位置等方式迅速调配人员、车辆和机具等，以控制事态进一步扩大。设置了调度中心的燃气公司应充分发挥调度协调作用，建立健全巡查、抢险、用户等相关部门或班组应急联动工作机制。

2. 影响供气范围最小原则。编制应急处置方案时应全面排查阀门、调压设备设施等信息。对重点巡查部位发生第三方施工损坏事故后影响供气范围较大的，宜结合燃气管道设施迁改等方式增设控制阀门，或专门组织增设控制阀门，尽可能使受影响用户数量最少。

3. 与相关应急预案（包括政府、第三方单位等）衔接原则。现场处置方案应和燃气公司总体预案、专项预案，政府部门燃气相关预案、第三方单位（主要是建设、施工单位）应急预案等保持衔接，尤其是要统一信息传递要求、规则以及事故的定级标准，便于政府部门和第三方单位组织应急救援工作。

4. 动态管理原则。重点巡查部位情况会随着施工进展随时发生变化，建议燃气公司建立重点巡查部位情况变化评估标准和流程，可由主管或专业工程师定期组织评估并修编应急预案使之处于有效状态。

5. 应急准备工作全覆盖原则。

（1）用户全覆盖。

应查明可能受影响的用户信息，尤其是工商用户的情况。实践中，一些燃气公司虽然建设了 GIS，但是用户和管道设施的关联单位信息管理不到位，如部分工商用户未关联至控制阀门或调压设备设施，进行爆管分析时无这些用户的信息，导致紧急信息通知不到位。

（2）抢险人员全覆盖。

1）重点巡查部位巡查人员、巡查班组班组长、主管或专业工程师。

2）负责重点巡查部位所在片区的抢险员、抢险组组长、主管或专业工程师。

（3）其他相关方。

第三方单位相关人员，如建设单位现场负责人、施工单位现场负责人或安全管理员等。

6. 相关信息全覆盖原则。

（1）燃气管道设施信息掌握情况，尤其应关注不明燃气管道设施的排查。

（2）重点巡查部位相关信息。巡查班组应建立健全重点巡查部位信息一览表，参考表 5-1，可设置为每周更新。

重点巡查部位信息一览表 表 5-1

序号	项目地点	项目名称	建设单位	施工单位	监理单位	施工工期	施工区内管网信息	保护协议签订情况	保护措施制定情况	应急预案	现场交底执行情况	巡查级别	巡查责任人	上周现场情况	备注

（3）重点巡查部位周边应急资源信息调查，如加油站。

（4）重点巡查部位发生第三方施工损坏事故后可能受影响人员或单位等的信息，主要是用户疏散、寻求应急支持（如商户提供市电接入），这些均为非燃气用户。

（5）重点巡查部位警示标识、保护措施等检查和复核情况。

（6）应急处置方案全天候演练情况，包括炎热高温、台风暴雨、寒冷深夜情况下的应急演练。

（三）第三方施工损坏应急处置方案培训及演练

第三方施工损坏应急处置方案培训和演练要着眼于员工的实际操作能力，在具体的抢险作业中，先期抵达现场的抢险人员能否实施及时、有效地处理，对控制事态起到决定性的作用，战斗力的形成则基于平时扎实的、接地气的培训和演练。

应急演练着重测试两个方面，一是相关人员抵达现场的用时长短，主要训练相关人员在日常熟悉交通状况，尤其是城镇建设施工带来的临时交通管理措施多，这些都影响相关人员抵达现场的时间；二是相关人员抵达现场后找到控制阀门、初判后组织疏散疏导等应急处置行为的及时性和有效性。

第二节　应急处置原则

一、以人为本、安全第一

始终把保障人民群众的生命财产安全放在首位，认真做好事故预防工作，切实加强员工和应急救援人员的安全防护，最大限度地减少事故灾难造成的人员伤亡和财产损失。

二、积极应对、预防为主

认真贯彻落实"安全第一、预防为主、综合治理"的方针，努力完善安全管理制度和应急预案体系，准备充分的应急资源，落实各级岗位职责，加强应急救援人员和管道操作管理人员培训，做到人人清楚城市燃气管道事故特征、类型、原因和危害程度，遇到突发事件时，能够及时迅速采取正确措施，积极应对。

三、统一领导、分级管理、协调运作

应急救援指挥部在总指挥统一领导下，负责指挥、协调处理突发事故灾难应急救援工作，企业有关部门和各类人员按照各自职责和权限，负责事故的应急管理和现场应急处置工作。

四、社会协调、企业为主

在管道发生事故时，该管道的拥有企业及其现场工作人员是事故应急救援的第一响应者，在管道周边发生事故，有可能危及管道安全时，企业相关人员也应当迅速反应，在第一时间赶赴现场进行妥善处置，立即将基本情况报告应急救援指挥部；当发生重大事故本企业难以应对时，应及时向当地政府报告，求得政府的支持，以调动全社会的力量及时、有效地处置，以防止事故的扩大、保护人民生命财产安全和减少国家财产损失。

五、依靠科学、依法规范

遵循科学原理，充分发挥专家的作用，实现科学民主决策。依靠科技进步，不断改进和完善应急救援的方法、装备、设施和手段，依法规范应急救援工作，确保预案的科学性、权威性和可操作性。

六、预防为主、平战结合

坚持事故应急与预防工作相结合。加强重大危险源管理，做好事故预防、预测、预警和预报工作。做好应对事故的思想准备、预案准备、物资和经费准备；加强应急救援的培训演练，做到常备不懈。将日常管理工作和应急救援工作相结合，搞好宣传教育，努力提高全体员工和全社会的安全意识，提高应急救援队伍的应急救援技能。

第三节　现场应急处置流程

发生第三方施工损坏燃气管道设施事故时，应第一时间进行处置。处置流程一般包括接警汇报、先期控制、现场处置、抢修恢复、善后处理五个阶段。

一、接警汇报

（一）接警

调度部门接到第三方施工损坏燃气管道设施的报告存在三种来源：燃气公司工作人员报告、第三方施工单位报告以及政府应急管理部门的通知。其中，燃气公司工作人员在施工现场监护的情况下，发生第三方施工损坏的事故的概率较小，所以接警的信息来源主要是第三方施工单位报告以及政府应急管理部门的通知。

对来自燃气公司工作人员的报警，调度管理部门电话接警人员应完整记录报警信息，包括时间、地点、范围、管线情况、检测浓度、人员伤亡情况、已采取的应急措施、报告人姓名和电话等。

对来自第三方施工人员的报警，调度管理部门电话接警人员应询问并记录泄漏的时间、地点、是否发生着火或爆炸、是否有人员伤亡、泄漏周围的状况、施工机械类型、已采取的措施、报警人电话及姓名等。

当燃气公司接到第三方施工人员的报告时，为减轻事故的危害性，接警人员应指导第三方施工人员完成以下四个方面工作：

1. 熄灭火源。要求第三方施工人员立即熄灭现场施工机械和其他一切火源；泄漏现场严禁接打电话。

2. 撤离疏散。组织现场人员立即撤离，同时疏散围观群众，远离泄漏区域。

3. 封锁现场。要求第三方施工现场负责人组织施工人员封锁燃气泄漏区域，防止车辆和人员进入。

4. 保持电话畅通，等待抢修人员赶赴现场处置。

（二）汇报

调度人员接警后，应按照应急处置程序，将信息汇报至以下相关方：

1. 报告燃气管线负责人或值班人员。燃气管线负责人接到调度中心电话后，应立即组织人员携带空气呼吸器、可燃气体浓度检测仪、警戒带、阀门扳手、灭火器等抢险物资快速赶赴现场。

2. 报告抢修负责人或抢修值班人员。抢修人员接到调度中心电话后，应根据报警信息，按照《燃气管道泄漏抢修物资清单》，迅速调动抢险车辆，携带抢险设备、通信设备、检测仪器、防护用具、消防器材、阀门、管材、管件等装备，在规定时间内到达现场，迅速对事件进行处置，控制事态发展，同时查明事态严重程度、事态发展趋势，判明对事态的控制能力，预计灾害后果及对周边的影响并立即由现场指挥人员报告应急指挥部。

3. 报告燃气公司应急管理办公室（或调度中心，下同）。应急管理办公室接到调度中心电话后，应根据报警信息做好以下几点：

（1）判断事故等级，并启动相应等级的应急预案。

（2）按照要求向上级单位、当地政府主管部门、应急管理部门汇报。

（3）视情况请求相关单位支援：

1）请求公安支援：疏散危险区的居民。

2）请求消防支援：发生火灾时，对着火部位进行扑灭；发生大量天然气泄漏时，对泄漏区域的天然气进行稀释。

3）请求交通支援：隔离危险区内的交通。

4）请求急救支援：防止和降低人员伤亡。

（4）向市政、电力以及其他地下管线权属单位通报事故情况，请求配合指示地下管线位置、埋深、走向等参数，为抢修人员提供便利，尽可能快速、准确查明泄漏燃气的蔓延区域。

二、先期控制

由片区负责人、管线负责人、巡查员和其他岗位人员组成的先遣队伍到达事故现场后，应迅速完成现场核实汇报、警戒区初步设定、人员疏散工作。

1. 现场核实汇报

先遣队伍尽快核实泄漏位置、泄漏量大小、燃气浓度、影响范围、人员伤亡情况等报警信息，并及时上报调度管理部门，为应急指挥提供正确信息。

埋地管道泄漏的，应立即打开泄漏点邻近的地下空间井盖（污水井、自来水井、电信井、电缆井等），检测可燃气体浓度，同时做好监控工作。

2. 警戒区初步设定

根据燃气浓度检测结果，初步确定危险区域，实施警戒、禁火，并检查事故现场是否存在易燃易爆物品，如若发现，立即清理至安全区域，防止事故扩大。

3. 人员撤离疏散

撤离事故现场围观人员。当燃气管线发生大量泄漏时，无论泄漏区域周边的地上、地下建筑物内是否有燃气浓度，建议都要将人员疏散至安全区域。

三、现场处置

（一）控阀放空

1. 若现场发生着火或爆炸，抢修人员应将事故管段相连的阀门关闭，切断气源（若关闭一道阀门无法切断气源，则增加关闭阀门数量），并打开事故管段上下游截止阀内侧紧急放空阀、调压箱柜放散阀进行紧急放空，但应控制降压速度，要有专人和专门监测装置监控事故管段的燃气压力变化，必须保证管线内为正压，严禁管道内产生负压，防止火焰窜入管道内燃烧引发管道爆炸。放空可降低火灾影响程度并便于现场灭火。

2. 管道事故点现场火势明显减弱后，可以进行灭火作业，灭火成功后，可让事故段天然气就地自然放空。

3. 将停气信息通知调度中心，由调度中心将停气范围通知客户服务部门及受影响的用户。

（二）检测探边

埋地燃气管道发生泄漏时，应对泄漏点周边环境检测探边。探边分为地上探边、地下探边、城镇市政管网探边。

1. 检测方法：使用可燃气体浓度检测仪等仪器检测天然气浓度。

2. 探边分类

（1）地上探边：根据泄漏点周围大气中天然气浓度检测结果，查找划定天然气浓度达到爆炸下限 10％ 和 0 的边界（即空气中天然气浓度为 0.5％ 和 0）。地上探边的检测对象包括相关的建筑物、构筑物、地下室、停靠车辆等内部。

（2）地下探边：在泄漏点附近区域，通过地下钻孔等方法检测地下的天然气浓度（地下钻孔前应确认是否有其他管道，如有必要，则使用仪器对管道进行定位），查找划定达到天然气爆炸下限 10％ 的边界和燃气浓度为 0 的边界。

（3）城镇市政管网探边：查找相关区域内的上水、下水、暖气、电力、电信等全部阀井、窨井，检测井内的燃气浓度，对发现有燃气浓度的井，应沿敷设管线向外扩展探测，查找燃气串气蔓延的边界。发生燃气不明泄漏时应对敷设有套管的管道格外关注。

3. 检测探边结束后，将探边结果报告给燃气公司应急管理办公室，并提出调整警戒范围和疏散人员范围的建议。

（三）人员疏散

燃气公司应急管理办公室按照应急预案要求将探边结果报告当地政府部门，协助组织应急救援：

1. 协助到现场的交警、派出所、社区、工厂等单位负责人进行人员应急疏导、救援，并设立道路警戒封锁点，进行交通管制。

2. 协助医疗救护人员进行现场救援，处理伤者。

3. 协助派出所或社区人员组织人员撤离疏散，告知疏散线路，作好宣传，挨家逐户敲门，告知其不能在警戒区域内滞留。

4. 组织疏散时应尽量向泄漏点上风向撤离，根据与泄漏点相对位置关系和实际道路确定疏散路线。

5. 协助开展危险区域内的人员疏散工作时，应提醒地方疏散组织人员检查所有住户、单元是否有伤亡人员。疏散时要在适当位置粘贴标识，做好记录，以免重复工作或出现遗漏。疏散任务完成后，应定时对建筑物内燃气浓度进行检测监控。

（四）市政管网燃气浓度稀释

1. 阻止燃气蔓延范围

采取沙土、隔离囊、泡沫球或浸湿的棉被等对市政管网进行分段封堵，阻止天然气在市政管网中继续扩散。

2. 自然开放放散稀释

（1）对于泄漏管段周边建（构）筑物应采取开窗对流的方式进行自然放散。

（2）对于泄漏管段周边管沟、阀井、窨井、检测探孔等应采取开盖通气的方式进行自然放散，对盖板应用水进行喷淋后打开。

（3）对于电缆沟等有盖板的沟渠，可以通过打开多块盖板的方式进行自然放散，直至检测合格。

（4）对于雨水井等雨水口较多的管段也可采取自然放散的方式。

3. 强制通风放散稀释

对于污水井等检查井间距在几十米以上的市政管网，如采取自然放散，放散速度较慢、效果不好，应采取强制放散，采用防爆轴流风机加引风管的方式抽排天然气，在放散口将可燃气体抽出，引风管出口高度一般要高于周边建筑物，并高于地面 4m 以上，防爆轴流风机尽可能选择排量大的风机，并确保防爆轴流风机与检查井、防爆轴流风机与引风管保持密闭状态，提高排气效率和质量。

4. 放散点安全要求

不论自然放散还是强制放散，在放散点都要进行警戒，一般警戒范围为下风向 50m，上风向 30m，具体警戒位置可根据检测结果进行调整。放散点应远离居民住宅、明火、高压架空电线等场所，当现场条件不具备时，应采取有效的防护措施。放散管应高出地面 2m 以上，放散点设专人监护、配备有效的消防器材，警戒区内严禁烟火，无关人员不得进入。

5. 受限空间作业要求

当需进入阀井、窨渠、管道等通风不良、容易造成有毒有害气体积聚和缺氧的受限空间前，应首先进行硫化氢、一氧化碳等有毒有害气体检测，同时应检测空间内氧含量，如检测不合格则须采取通/送风措施或佩戴空气呼吸器、安全带等劳动防护用品后方可进入。

（五）警戒封锁

警戒封锁分为外围警戒、危险区域警戒、交通封锁。

1. 外围警戒：根据探边结果，在天然气浓度为 0 的边界应实行外围警戒。外围警戒应布置警戒线及燃气抢险等安全警示标识、实施燃气浓度检测监控、采取禁入措施。

2. 危险区域警戒：根据探边结果，在天然气浓度达到爆炸下限10%的边界和抢险施工范围应实行危险区域警戒。危险区域警戒应布置警戒线及警示标识、实施天然气浓度检测监控、风向监控、入口设置静电释放装置，危险警戒区域内应采取禁火、防爆、疏散、进入许可、作业审批等安全措施。

3. 交通封锁：当泄漏影响公用交通道路时，应协助到场交警在外围警戒之外的路口布设交通封锁线，实施交通禁入措施。

四、抢修恢复

（一）抢修

在抢修之前，第一，应对作业现场的燃气浓度进行连续检测。当环境中燃气浓度超过爆炸下限的10%时，应用防爆轴流风机进行强制通风放散，在浓度降低至爆炸下限的20%以下后方可进行开挖、抢修作业。第二，警戒区内严禁烟火。警戒区内禁止使用手机等通信工具及非防爆型的机电设备及仪器、仪表等，夜间抢险现场照明须采用安全照明灯。

1. 开挖泄漏点。

（1）应根据地质情况和开挖深度确定作业坑的放坡系数和支撑方式，并设专人监护。

（2）开挖时须核实地下管网情况，防止开挖时破坏燃气管线和其他管线、电缆等。

2. 找出漏气点后，确定维修方案及准备机具、材料。

3. 抢险需动火作业时，应制定动火方案并审批。如来不及审批，可在现场负责人同意后先进行动火抢修，抢险完毕要及时补办审批手续。当抢险中无法消除漏气现象或不能切断气源时，禁止动火作业，并做好事故现场的安全防护工作。

4. 当抢修条件具备后，由抢险队伍对损坏管道进行补漏、抽换、改造等作业，作业过程中要持续监测作业区域、作业管段或设备内可燃气体浓度的变化，出现异常，立即停止作业，待消除异常情况并再次置换合格后方可继续作业。

5. 对钢管作业应遵循以下原则：

（1）应优先选择换管；当不能立即换管时采用带压封堵的方式进行

作业。

（2）带压封堵作业应将管道压力降至可安全操作的压力以下直接使用抢修卡具进行封堵和补强焊接。

（3）换管作业时，其焊接标准应符合原设计要求；施焊前应切断气源、降压至微正压，且压力不宜高于800Pa、用阻气袋阻断气源，置换合格后进行抢修作业。

6. 铸铁管泄漏抢修时，除应符合上述规定外，应采用换管抢修，不宜采用焊接。同时还应注意下列事项：

（1）泄漏处开挖后，宜对泄漏点采取措施进行临时封堵。

（2）当采用阻气袋阻断气源时，应将管线内燃气压力降至阻气袋有效阻断工作压力以下，且阻气袋应在有效期内使用；给阻气袋充压时，应采用专用气源工具或设施进行，且充气压力应在阻气袋允许充压范围内。

7. 对聚乙烯塑料管（PE管）抢修作业应符合下列规定：

（1）抢修作业中应采取措施防止静电的产生和聚积。

（2）应在采取关闭阀门、使用封堵机或使用夹管器等方法有效阻断气源后进行抢修，并应采取措施保证聚乙烯塑料管熔接面处不受压力。

（3）进行聚乙烯管道焊接抢修作业时，当环境温度低于−5℃或风力大于5级时，应采取防风保温措施，并应调整焊接工艺，为保障焊接质量，应使用全自动焊机，同时对焊接质量进行检查，确保焊接合格。

（4）使用夹管器（一般适应于DN160及以下管径）夹扁后的管道应复原并标注位置，同一个位置不得夹2次。

8. 阀门（井）漏气处置程序：

（1）查明漏气原因，确定抢修方案。

（2）确定阀门的型号、规格，准备好待更换的阀门、钢短管、螺栓、垫片、黄油、灭火器及所需工具。

（3）如需井内动火，将阀门井井盖吊离原位。吊离时要操作平稳，避免出现火花。

（4）首先关闭相关阀门、切断气源、泄压至微正压。

（5）施工人员下井操作前应进行气体检测确保作业环境达到安全要求；拆除已坏阀门，将准备好的阀门安装好，操作时要使用防爆工具，操作现场要有专人监护。

（6）恢复供气后要对各接口进行检漏；确认无泄漏后，将井盖归位。

9. 受损的管道、设施修理完毕后，按规定对抢修后的管道进行检测、试压（验漏）和必要的置换；对周边夹层、窨井、烟道、地下管线和建（构）筑物等场所的残存燃气进行全面检查；有防腐层的管道应恢复并达到原管道防腐层等级；对埋地管道应进行回填处理和恢复警示标识；同时作好记录并整理归档。

10. 抢修实施程序框图见附图 5-10。

（二）恢复

1. 生产恢复

（1）抢修完毕恢复供气之前，要对停气区域进行恢复供气通告，同时进行气密性测试（防止用户忘关阀），为确保安全，不得在夜间（一般为 22 时至次日 6 时之间，具体结合当地情况确定）对用户恢复供气。

（2）恢复供气时，缓慢开启阀门，逐渐升高压力，启动调压器，恢复供气。

（3）恢复供气后，再次对抢修部位、周围密闭空间及末端用户进行检测，确认无燃气泄漏后，抢险人员方可结束抢险工作，撤离现场。

（4）当事故隐患未查清或隐患未消除时，抢修人员不得撤离现场，并应采取安全措施，直至隐患消除。

2. 环境恢复

（1）抢修施工中应做到工完、料净、场地清。组织安排疏通河道、恢复道路、地貌、清理污染物及废弃物。

（2）抢修完成后，管沟回填时应分层回填，尽可能保持作物原有的生长环境。留有适当的堆积层，防止因降水、径流造成地表下陷和水土流失。

3. 按照当地政府主管部门要求报告事故处理结果，完善道路开挖证等相关手续。

五、应急技术和现场处置措施

（一）应急处置一般规定

1. 事件发生后，及时在泄漏区域设置安全警戒线进行布控，划定隔离区，对隔离区设置明显的警戒标志，并协助地方应急响应部门进行事故区域的人员疏散、交通控制，防止次生火灾爆炸事故的发生。

2. 生产运行管理部门要根据泄漏管道导致的影响区域，立即通知用气单位、上级管理部门和本单位领导及时启动气量调配应急方案。

抢修作业前，燃气经营单位应根据管线资料，搞清作业地点的管线材质、规格、走向分布及影响区域范围，并做好受影响区域内的停气宣传告知工作。

3. 抢修队伍接警后应立即出动，迅速到达事故现场，及时救护受伤人员，疏散现场群众，采取应急处理措施；当燃气大量泄漏、火灾或爆炸事故发生后，危及现场及周边人员安全时，应急管理办公室应立即按相关规定通报地方政府、主管部门以及应急救援、医疗救护等部门协助抢修、人员疏散、警戒、消防监护、救护。

4. 人员疏散注意事项

(1) 要镇定、迅速撤离，行动要有理智、秩序。

(2) 若条件许可，疏散前应关闭可能造成危险的电源、气源等。

(3) 组织群众疏散时，要告诫群众熄灭火种。

(4) 有秩序地沿疏散路线疏散，在疏散通道狭窄的情况下，应注意防止跌倒。

(5) 必须穿过烟雾逃生时，应尽量用浸湿的衣物披裹身体，捂住口鼻，身体贴近地面，逃向远离烟火的安全出口。

5. 严格保护事故现场，采取拍照、摄像、绘图、采样等方法记录事故现场原貌，妥善保护事故现场物证。

(二) 抢险现场基本规定

1. 抢修人员应佩戴职责标志。进入警戒区前应按规定穿戴防静电服、鞋及防护用具，并严禁在作业区内穿脱和摘戴。作业现场应有专人监护，严禁单独操作。

2. 除工程抢修车外，其他车辆都要远离危险区域，在便于疏散的地方按划定停车位停放抢修车辆，必须按要求装上防火帽；作业区内保证人员疏散通道和消防通道畅通。

3. 当燃气设施发生火灾时，应采取切断气源或降低压力等方法控制火势，应注意控制降压速度，防止产生负压，造成次生灾害。视火情严重程度，以及可利用的灭火器材，可采用冷却、隔离、窒息、抑制等方法灭火，以防止事故扩大。

4. 当燃气泄漏发生爆炸后，应迅速控制气源和火种，防止发生次生灾害。

5. 在火灾与爆炸灾情消除后，燃气管道与设备有可能在火灾与爆炸中受损，为消除隐患及防止次生灾害发生，应对事故范围内管道和设备进行全面检查，消除隐患。

6. 进行抢修作业应具备的基本条件：

（1）宜在降压或停气后进行。

（2）警戒区内燃气浓度不得超过爆炸下限的 20％。

7. 进行动火作业应具备的基本条件：

（1）动火作业区域内应保持空气流通、可燃气体浓度小于其爆炸下限的 20％。

（2）置换合格。燃气设施停气动火作业前应对作业管段或设备进行置换。燃气设施宜采用间接置换法进行置换，当置换作业条件受限时也可采用直接置换法进行置换。置换过程中每一个阶段应连续三次检测氧或燃气的浓度，每次检测的时间间隔不应少于 5min。并应符合下列规定：

1）采用间接置换法时，测定值应符合下列规定：采用惰性气体置换空气时，氧浓度测定值应小于 2％；采用燃气置换惰性气体时，燃气浓度测定值应大于 85％；采用惰性气体置换燃气时，燃气浓度测定值不应大于爆炸下限的 20％；采用空气置换惰性气体时，氧浓度测定值应大于 19.5％；采用液氮气化气体进行置换时，氮气温度不得低于 5℃。

2）当采用直接置换法时，测定值应符合下列要求：采用燃气置换空气时，燃气浓度测定值应大于 90％；采用空气置换燃气时，燃气浓度测定值不应大于爆炸下限的 20％。

（3）燃气管道内不得积有燃气杂质。

（4）作业过程中不得有漏气或串气等异常情况。

（5）应对作业区域内可燃气体浓度进行实时检测和监测。

六、善后处理及媒体应对

（一）善后处理

燃气企业要积极稳妥、深入细致地做好各项善后处理工作，按照规定给予抚恤、补偿和补助；开展保险理赔和环境污染消除等工作。

（二）媒体应对

发生事故后，应主动关注媒体及舆论动向，指定对外发言人，积极与媒体等沟通，引导舆论导向，消除各种不利谣言造成的社会影响，能明显判断事故原因的应及时通报，燃气企业其他人员不得擅自对外发布与事故有关的信息、表态和意见。

联系当地的公安、网监部门做好新媒体（微信朋友圈、微信群、微博、论坛、新闻微信公众号、头条等）的舆论控制工作，对于恶意传播不实信息、对企业声誉构成侵犯、社会影响恶劣的人员，及时向当地公安机关报案；燃气企业对事件情况适时公布、澄清不实谣言。

新闻发布形式主要包括接受记者采访、举行新闻发布会、向媒体提供新闻稿件等。在新闻发布过程中，应遵守国家法律法规，实事求是、客观公正、内容翔实、及时准确。

第四节　附　　件

附件一：抢修实施程序框图
见附图 5-1。

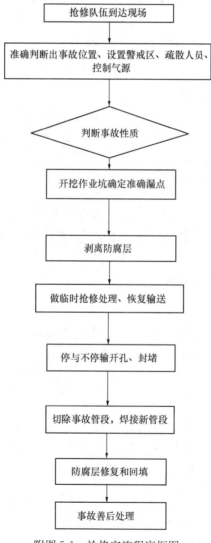

附图 5-1　抢修实施程序框图

116

附件二：应急组织机构人员通信联络表

见附表 5-1。

应急组织机构人员通信联络表　　　　　　附表 5-1

序号	姓名	工作部门	职务	应急组织机构内职务	办公室电话	移动电话
1						
2						
3						
4						
5						
...						

附件三：专家咨询联系表

见附表 5-2。

专家咨询联系表　　　　　　附表 5-2

序号	姓名	工作单位	专业方向	职称	固定电话	移动电话	家庭住址
1							
2							
3							
4							
5							
...							

附件四：外部应急机构与协作单位联系表

见附表 5-3。

外部应急机构与协作单位联系表　　　　　　　　　　附表 5-3

序号	单位	联系电话	联系人	传真
1				
2				
3				
4				
5				
...				

附件五：事故信息快报表

见附表5-4。

事故信息快报表　　　　　　　　　　　　　　　附表 5-4

汇报单位			汇报人	
汇报时间		年　　月　　日　　时　　分		
事故级别		Ⅰ级（　） 　Ⅱ级（　）　 Ⅲ级（　）　 Ⅳ级（　）		

事故基本情况描述：

已联系的机构：

企业内部单位：_____

外部、专业机构及队伍：_____

地方应急管理部门：_____

备注：填写相应的机构名称，如未联系则不填写。

已采取的应急措施及需要救援内容：

预计事故事态发展情况：

信息接收人（签名）		接收时间	

附件六：应急抢险常备设备设施明细表

见附表5-5。

应急抢险常备设备设施明细表　　　　　　　　　　附表 5-5

序号	名称	规格型号	数量	功能	完好情况	储存地点
一、	常用保障设备					
1	正压式空气呼吸器（长管呼吸器、背架式呼吸器）					
2	便携式充气泵					
3	可燃气体浓度检测仪					
4	硫化氢检测报警仪					

续表

序号	名称	规格型号	数量	功能	完好情况	储存地点
5	多功能复合式气体检测仪					
6	多功能呼救器					
7	防爆灯具					
8	防爆排风扇					
二、	常用抢修设备					
1	开孔机					
2	封堵器					
3	液压站					
4	封堵头					
5	开孔接合器					
6	封堵接合器					
7	夹板阀					
8	球阀					
9	液压切管机					
10	电动切管套丝机					
11	角磨机					
12	千斤顶					
13	测厚仪					
14	焊条保温桶					
15	PE管电容焊机					
16	电焊一体机					
17	打压泵					
18	汽油发电机					
19	配电箱					
20	移动式电缆卷盘					
21	线滚子					
22	鼓风机					
23	对口器					
24	机械卡具					
25	潜水泵					
三、	抢修材料					
1	封堵卡具					
2	封堵三通					
3	旁通三通					

序号	名称	规格型号	数量	功能	完好情况	储存地点
4	封堵皮碗					
5	筒刀					
6	中心钻					
7	常用管材（钢管/PE管）					
8	常用管件（钢管/PE管）					
9	焊条					
10	油槽					
11	直径为50mm平衡软管					
12	直径为50mm排油软管					
13	耐油胶皮					
14	牛毛毡					
15	热缩套、冷/热缠带等防腐材料					
16	石棉被					
四、	抢修工具					
1	PE夹管器					
2	防爆管钳					
3	防爆套筒扳手					
4	防爆活动扳手					
5	防爆开口扳手					
6	梅花扳手					
7	起子					
8	捯链					
9	大锤					
10	手锤					
11	手钳					
12	锉刀					
13	卡尺					
14	钢板尺					
15	角尺					
16	内六角扳手（公制）					
17	内六角扳手（英制）					
18	塞规、螺纹规					
19	卷尺					
20	防腐用具					

续表

序号	名称	规格型号	数量	功能	完好情况	储存地点
21	线坠					
22	撬棍					
23	什锦锉					
24	铁锹					
25	锯弓					
26	镐头					
27	安全帽					
28	安全带					
29	防爆手电					
30	灭火器					
31	警灯					
32	隔离墩					
33	施工警示牌					
34	警示带					
35	小红旗					
36	反光衣					
五、	抢修车辆					
1	工程指挥车					
2	面包车					
3	卡车					
4	吊车					
5	挖掘机					
6	消防车					
7	罐车					

附件七：某公司第三方施工损坏事故前期处置及临时供气应急演练比赛方案

一、场地划分与要求

（一）比赛设置1个比赛位，并划定场地范围，本次比赛位定为____路与____路交会处。

（二）比赛顺序由参赛队在赛前抽签决定。

（三）各参赛队在确定的场地范围内进行作业。

二、赛前要求

（一）每支参赛队由 2 名应急值班搭档组成。

1. 参赛队员应提前 10min 到达比赛场地抽签决定顺序。

2. 比赛开始时间为 20 ___ 年 _ 月 _ 日（星期 _ ）下午 14：00。

（二）比赛工具设备的准备

1. 比赛用材料由抢险装备车统一配备，常用工具由参赛人员自备。比赛用材料准备清单见附表 5-6。

比赛用材料准备清单　　　　　　　　　　　　　　　附表 5-6

序号	名称	型号	数量	备注
1	放散火炬	DN40	2	
2	放散软管	DN40	2	
3	火炬支架	DN15	6	
4	干粉灭火器	4kg	2	
5	气化撬不锈钢连接软管	DN10	2	
6	15m 气化撬连接软管	DN15	4	
7	对讲机	—	5	抢险装备车统一配备
8	交通锥	—	2	
9	检测仪	XP-311	1	
10	点火纸巾	—	若干	
11	打火机	—	2	
12	警示牌	—	2	
13	警示带	—	若干	
14	加厚手套	—	2	
15	工具包、安全帽、反光衣、工作服、工作鞋、线手套、防冻手套等	—	1套	参赛人员自备

2. 各参赛小组自带工具应符合比赛规则的要求，参赛队员必须身着工作服及必备防护用品方可进入比赛现场。

三、比赛现场要求

（一）各参赛组对设备状态及待安装的材料进行确认。

（二）不得以任何方式在试件上做任何标志。

（三）比赛中如遇设备故障、材料损坏等非人为因素影响比赛的正常进行，参赛小组应当向裁判报告，排除故障或调换材料的时间不计入比赛时间。

（四）参赛小组完成作业，报告裁判并停止计时。

（五）参赛小组负责清理比赛场地。

四、现场纪律

（一）比赛现场除裁判、计时员和参赛选手外，其他人员一律不得进入划定比赛范围。

（二）参赛小组必须服从现场指挥人员和裁判的指挥。

五、人员设置

（一）裁判员：_____（应急抢修工程师）

（二）计时员：_____（部门行政专员）

六、参赛小组：略。

七、奖项设置：略。

八、比赛场地示意图，见附图 5-2。

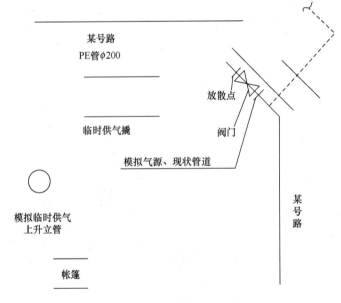

附图 5-2 比赛场地示意图

九、对比赛情况等提出建议和意见

（一）第一小组

1. 现场处置的时候警示带未设置成一个闭环。

2. 放散装置安装完成后没有对连接口进行查漏。

3. 安装临时供气撬时，液相接口（模拟）有轻微泄漏。

4. 供气撬压力调试不熟练。

（二）第二小组

1. 现场处置时放散点未放灭火器。

2．向现场指挥报告情况时表述不清。

3．放散装置安装及放散作业两人配合不协调。

4．临时供气装置有轻微泄漏，未戴加厚手套。

（三）第三小组

1．放散装置安装有轻微泄漏。

2．安装临时供气撬的出气管时软管在地上拖行。

3．未戴加厚手套。

（四）第四小组

1．现场处置的时候警示带未设置成一个闭环。

2．向现场指挥报告情况时表述不清。

3．放散装置安装时动作不协调。

4．临时供气撬接口选错、未戴加厚手套。

（五）普遍存在的问题

1．在操作安装的过程中工具的选择不对，好几个参赛者都是从头到尾一把扳手或一把管钳。

2．除第三小组安装放散装置时考虑风向外，其余小组在安装放散装置时只考虑了现场其他环境，未考虑风向因素。

3．临时供气撬的操作都不是很熟练，应作为近期主要培训项目。

燃气管道设施、燃气管道第三方施工损坏前期处置及临时供气评分细则见附表5-7。

燃气管道设施、燃气管道第三方施工损坏前期处置及临时供气评分细则　　附表5-7

参赛人员：

序号	项目	评分标准	得分
1	接警	由裁判用对讲机发出开始指令：____路管道被第三方施工损坏发生泄漏	
2	上报	（1）在行进过程中有接警信息上报到裁判（5分）	
3		（2）____min之内到达现场（3分）	
4	现场处置	（1）现场警戒（有警示牌、拉警示带、交通锥、灭火器、疏散人群动作）（8分）	
5		（2）有XP-311检测仪现场检测浓度动作（5分）	
6		（3）有向裁判汇报现场情况（5分）	
7		参赛选手上报：报告总指挥，现场已警戒，警戒范围外浓度在爆炸下限以下，请指示	
8		裁判：请立即关闭上游阀门，并对管道余气进行放散燃烧	

续表

序号	项目	评分标准	得分
9	现场处置	（4）关闭阀门动作（完全关闭后迅速打开）关阀开阀动作配合协调有序（5分）	
10		（5）放散装置安装快速、熟练、无泄漏（20分）	
11		（6）燃烧前应在警戒范围外电话通知119（3分）	
12		（7）点火时是火等气、火势逐渐加大（5分）	
		火点着后关闭放散，向裁判汇报：总指挥：受损管道已放散完毕，请指示	
		裁判：请立即对受影响小区进行临时供气	
13	临时供气	（1）安装临时供气撬快速、协调、无泄漏（20分）	
14		（2）开模拟气源时要戴加厚手套（5分）	
15		（3）开阀顺序需准确有序：①开模拟气源阀；	
16		②查漏；	
17		③打开撬内安全阀；	
18		④打开撬内进气总阀；	
19		⑤调节压力；	
20		⑥打开供气阀；	
21		⑦观察温度、压力等；	
22		⑧供气正常　　　　　　　（小计16分）	
		参赛选手上报：报告总指挥，临时供气装置供气正常，请指示	
		裁判：关闭模拟气源阀门，停止计时	
23	现场清理	拆除临时供气及放散装置，清理现场并将设备材料放入指定位置	
24		合计得分：	

说明：实际操作部分占70%，计时部分占30%，若实际操作者成绩相同，以时间快慢为依据，用时最短者名次排在前面，若总分相同者，以实际操作成绩高者为先。

第六章　第三方施工损坏燃气管道事故调查及处理

第一节　事　故　调　查

第三方施工损坏燃气管道事故发生后，按照《生产安全事故报告和调查处理条例》（国务院令第 493 号）进行调查处理。对于政府主管部门未介入调查处理的事故（主要为轻微事故），燃气企业应积极开展内部调查及处理，防范同类事故再次发生。

在开展事故调查及处理时应做好事故现场保护、现场取证、经济损失核算以及损失追偿等工作。

一、事故现场的保护

事故现场的保护措施：

1. 事故发生后，事故发生单位及相关单位和人员应当保护好事故现场。除抢救伤员和控制事态发展外，在事故调查尚未进行前，任何人不得破坏和改变现场。

2. 确因抢救人员、防止事故扩大以及恢复生产、疏通交通等原因，需要移动现场物件的，应当做好标志、绘制现场简图并写出书面记录，妥善保存现场重要痕迹、物证。

二、事故调查的一般工作程序

（一）成立事故调查组，确定调查组成员。

（二）了解事故概况。听取事故情况介绍，初步勘察事故现场，查阅并封存有关档案资料。

（三）确定事故调查内容。

（四）组织实施技术调查。必要时进行检验、试验或者鉴定，注明检验、试验、鉴定的机构。

（五）确定事故发生原因、经过、造成的人员伤亡及经济损失、明确事故性质及责任认定。

（六）对责任者提出处理建议。

（七）提出预防类似事故的措施建议。

（八）出具事故调查报告并归档。

三、情况调查

向事故发生单位相关人员询问关于事故发生前后及事故过程的情况，主要内容有：

（一）有关单位及人员基本情况。

（二）管道运行是否正常，是否有超压、变形、泄漏、安全附件及保护装置失效等异常情况。

（三）第三方施工单位施工内容、范围及证件办理情况，燃气管道设施保护相关手续办理及施工保护方案落实情况。

（四）是否已向燃气企业核实燃气管道位置，燃气企业提供的管位是否准确等。

（五）第三方施工监护及现场宣传告知执行情况。

（六）现场应急措施及应急救援情况。

（七）其他情况。

四、资料调查

重点查阅以下资料：

（一）第三方施工单位

1. 施工资质、与建设单位签订的施工合同。

2. 施工许可手续。

3. 燃气管道管位核实记录。

4. 有关燃气管道设施保护方案、交底记录及人员培训记录等。

5. 作业人员持证上岗情况。

（二）燃气企业

1. 燃气管道设施竣工资料（设计、施工、验收等）。

2. 第三方施工监护、安全宣传告知记录等。

3. 压力管道及其安全附件定期年检情况。

4. 相关管理制度、应急预案的制订和执行情况。

5. 设备及使用登记、作业人员持证情况。

五、现场调查

事故现场的调查应当收集完整的原始证据，数据要准确，资料要真实，主要包含以下几点：

（一）事故现场的检查。仔细勘察记录各种现场并进行必要的技术测量。记录事故发生部位及周围设施损坏情况。

（二）人员伤亡情况的调查。包括事故造成的死亡、受伤（重伤、轻伤按现行国家标准《企业职工伤亡事故分类》GB 6441 界定）人数及所处位置、伤亡人员性别、年龄、职业、职务、从事本职工作的年限、持证情况等。

（三）事故现场破坏情况的调查。主要包括燃气管道设施损坏的状况以及损坏导致的次生、衍生灾害情况与波及范围，拍摄现场照片，绘制现场简图，记录环境状态。如属泄漏着火事故，应当收集泄漏口管道设施部件及着火源；如属爆炸事故，应当寻找爆炸碎片及其残余部件。

（四）管网损坏情况的检查。主要包括：部位、形状、尺寸。

1. 注意保护好严重损伤部位（特别注意保护断口、爆破口），仔细检查断裂或者失效部位内外表面情况，检查有无腐蚀减薄、材料原始缺陷等。

2. 应当测量管道断裂或者损坏位置、方向、尺寸，绘出损坏位置简图。

3. 收集损坏碎片，测量碎片飞出的距离，称量飞出碎片的质量，绘制碎片形状图。

4. 对无碎片设备，应当测量开裂位置、方向、尺寸。

（五）事故发生过程中采取的应急措施与应急救援情况。

（六）需要调查的其他情况。

第二节　事　故　处　理

一、处置意见

对于政府介入调查处理的第三方施工损坏燃气管道事故以政府出具的事故调查处理意见为准，燃气企业应主动配合政府进行事故调查，落实处理措施。

二、经济损失核算

事故应急抢险处置完毕后，燃气企业应计算第三方施工损坏燃气管道抢修费用和损失，及时向肇事单位进行索赔。抢修费用主要包括：人工费、材料费、机械费、临时设施费、安全措施费、道路及绿化恢复费、紧急调度、气量损失费等。各项目具体内容如下：

（一）人工费：现场作业人员、管理人员等。

（二）机械费：抢险车、挖掘机、电焊机、发电机等。

（三）材料费：抢险维修所消耗的材料费用，包括管材、管件、辅助材料等。

（四）临时设施费：施工围挡、临时供气设施等费用。其中临时供气设施包括：CNG 减压装置（含调压、加臭、计量等工艺）、LNG 气化装置（含调压、加臭、计量等工艺），以及不停输作业装置等。

（五）道路及绿化恢复费：可根据道路、绿化管理部门出具的造价清单或工程发票计算。

（六）安全措施费

1. 现场警戒、设置警示标识和围挡、浓度检测、交通疏导、人群疏散、泄漏控制、驱散聚集的燃气等产生的安全措施费用。

2. 管道强度、气密性测试以及其他安全检测费用。

（七）紧急调度费。紧急调度费用包括启用应急平台、启动应急预案、接警、紧急调度等产生的费用。

（八）气量损失费。事故造成的气量损失，包括：事故泄漏气量及置换气量，其中泄漏气量可结合上游流量计读数、管网压降、理论计算等方式进行模拟计算。采取氮气间接置换的，应考虑氮气的用量及相关费用。

抢修项目的发生均为应急状态，若参考定额或一定时期内市场均价，应给予大于 1 的系数，燃气企业可以根据长期的作业数据进行分析，提炼出较为合理的系数，如条件允许，可以报当地造价管理部门或物价管理部门发布，使其具有权威性。

三、外部损失索赔

燃气公司应建立相应的第三方施工损坏损失索赔机制或管理办法。事故发生后，燃气公司应尽快收集和整理相关的记录、资料、协议等文件，依据事故责任认定及经济损失核算结果，向第三方施工单位进行索赔。在进行索赔时，宜成立由管网运行部门、安全监管部门、财务部门等参与的索赔小组，开展相应的赔偿谈判、协议签订、赔偿金支付以及相应审批、减免手续履行等，维护燃气公司合法权利。相关工作如下：

（一）编制详细的抢修处置报告或记录；

（二）及时制作《抢修处置工程量及费用清单》，书面告知事故责任单位及其建设单位、监理单位；

（三）整理相关的巡查巡检记录、燃气管道保护协议及和建设（施工、监理）单位的往来函件、单据等；

（四）相关部门组织的事故调查记录或报告；

（五）协商记录或协议；

（六）相关的照片、视频等，各类媒体发布的信息。

四、燃气企业内部处理

按照"四不放过"原则，即事故原因未查清不放过、责任人员未处理不放过、责任人和群众未受教育不放过、整改措施未落实不放过。依据事故调查报告，对公司内部相关人员进行调查处理，包括经济及行政处罚等，落实事故防范措施，预防事故再次发生。

召开专题会，对事故进行分析和检讨，确保相关人员深刻汲取事故经验教训。除客观原因外，重点对主观原因进行分析。主观原因主要有：员工胜任度和责任心、制度和流程、制度和流程的执行、现场情况和保护措施落实等，做到问题分析透彻、制度流程完善、安全意识提高。

第三节 附 件

附件一：相关法规

《最高人民法院、最高人民检察院关于办理盗窃油气、破坏油气设备等刑事案件具体应用法律若干问题的解释》

（法释〔2007〕3 号）

为维护油气的生产、运输安全，依法惩治盗窃油气、破坏油气设备等犯罪，根据刑法有关规定，现就办理这类刑事案件具体应用法律的若干问题解释如下：

第一条 在实施盗窃油气等行为过程中，采用切割、打孔、撬砸、拆卸、开关等手段破坏正在使用的油气设备的，属于刑法第一百一十八条规定的"破坏燃气或者其他易燃易爆设备"的行为；危害公共安全，尚未造成严重后果的，依照刑法第一百一十八条的规定定罪处罚。

第二条 实施本解释第一条规定的行为，具有下列情形之一的，属于刑法第一百一十九条第一款规定的"造成严重后果"，依照刑法第一百一十九条第一款的规定定罪处罚：

（一）造成一人以上死亡、三人以上重伤或者十人以上轻伤的；

（二）造成井喷或者重大环境污染事故的；

（三）造成直接经济损失数额在五十万元以上的；

（四）造成其他严重后果的。

第三条 盗窃油气或者正在使用的油气设备，构成犯罪，但未危害公共安全的，依照刑法第二百六十四条的规定，以盗窃罪定罪处罚。

盗窃油气，数额巨大但尚未运离现场的，以盗窃未遂定罪处罚。

为他人盗窃油气而偷开油气井、油气管道等油气设备阀门排放油气或者提供其他帮助的，以盗窃罪的共犯定罪处罚。

第四条 盗窃油气同时构成盗窃罪和破坏易燃易爆设备罪的，依照刑法处罚较重的规定定罪处罚。

第五条 明知是盗窃犯罪所得的油气或者油气设备，而予以窝藏、转移、收购、加工、代为销售或者以其他方法掩饰、隐瞒的，依照刑法第三百一十二条的规定定罪处罚。

实施前款规定的犯罪行为，事前通谋的，以盗窃犯罪的共犯定罪处罚。

第六条 违反矿产资源法的规定，非法开采或者破坏性开采石油、天然气资源的，依照刑法第三百四十三条以及《最高人民法院关于审理非法采矿、破坏性采矿刑事案件具体应用法律若干问题的解释》的规定追究刑事责任。

第七条 国家机关工作人员滥用职权或者玩忽职守，实施下列行为之一，致使公共财产、国家和人民利益遭受重大损失的，依照刑法第三百九十七条的规定，以滥用职权罪或者玩忽职守罪定罪处罚：

（一）超越职权范围，批准发放石油、天然气勘查、开采、加工、经营等许可证的；

（二）违反国家规定，给不符合法定条件的单位、个人发放石油、天然气勘查、开采、加工、经营等许可证的；

（三）违反《石油天然气管道保护条例》等国家规定，在油气设备安全保护范围内批准建设项目的；

（四）对发现或者经举报查实的未经依法批准、许可擅自从事石油、天然气勘查、开采、加工、经营等违法活动不予查封、取缔的。

第八条 本解释所称的"油气"，是指石油、天然气。其中，石油包括原油、成品油；天然气包括煤层气。

本解释所称"油气设备"，是指用于石油、天然气生产、储存、运输等易燃易爆设备。

《最高人民法院 最高人民检察院 公安部 关于办理盗窃油气、破坏油气设备等刑事案件适用 法律若干问题的意见》

（法发〔2018〕18 号）

为依法惩治盗窃油气、破坏油气设备等犯罪，维护公共安全、能源安全和生态安全，根据《中华人民共和国刑法》《中华人民共和国刑事诉讼法》和《最高人民法院、最高人民检察院关于办理盗窃油气、破坏油气设备等刑事案件具体应用法律若干问题的解释》等法律、司法解释的规定，结合工作实际，制定本意见。

一、关于危害公共安全的认定

在实施盗窃油气等行为过程中，破坏正在使用的油气设备，具有下列情形之一的，应当认定为刑法第一百一十八条规定的"危害公共安全"：

（一）采用切割、打孔、撬砸、拆卸手段的，但是明显未危害公共安全的除外；

（二）采用开、关等手段，足以引发火灾、爆炸等危险的。

二、关于盗窃油气未遂的刑事责任

着手实施盗窃油气行为，由于意志以外的原因未得逞，具有下列情形之一的，以盗窃罪（未遂）追究刑事责任：

（一）以数额巨大的油气为盗窃目标的；

（二）已将油气装入包装物或者运输工具，达到"数额较大"标准三倍以上的；

（三）携带盗油卡子、手摇钻、电钻、电焊枪等切割、打孔、撬砸、拆卸工具的；

（四）其他情节严重的情形。

三、关于共犯的认定

在共同盗窃油气、破坏油气设备等犯罪中，实际控制、为主出资或者组织、策划、纠集、雇佣、指使他人参与犯罪的，应当依法认定为主犯；对于其他人员，在共同犯罪中起主要作用的，也应当依法认定为主犯。

在输油输气管道投入使用前擅自安装阀门，在管道投入使用后将该阀门提供给他人盗窃油气的，以盗窃罪、破坏易燃易爆设备罪等有关犯罪的共同犯罪论处。

四、关于内外勾结盗窃油气行为的处理

行为人与油气企业人员勾结共同盗窃油气，没有利用油气企业人员职务便利，仅仅是利用其易于接近油气设备、熟悉环境等方便条件的，以盗窃罪的共同犯罪论处。

实施上述行为，同时构成破坏易燃易爆设备罪的，依照处罚较重的规定定罪处罚。

五、关于窝藏、转移、收购、加工、代为销售被盗油气行为的处理

明知是犯罪所得的油气而予以窝藏、转移、收购、加工、代为销售或者以其他方式掩饰、隐瞒，符合刑法第三百一十二条规定的，以掩饰、隐瞒犯罪所得罪追究刑事责任。

"明知"的认定，应当结合行为人的认知能力、所得报酬、运输工具、运输路线、收购价格、收购形式、加工方式、销售地点、仓储条件等因素综合考虑。

实施第一款规定的犯罪行为，事前通谋的，以盗窃罪、破坏易燃易爆设备罪等有关犯罪的共同犯罪论处。

六、关于直接经济损失的认定

《最高人民法院、最高人民检察院关于办理盗窃油气、破坏油气设备等刑事案件具体应用法律若干问题的解释》第二条第三项规定的"直接经济损失"包括因实施盗窃油气等行为直接造成的油气损失以及采取抢修堵漏等措施所产生的费用。

对于直接经济损失数额，综合油气企业提供的证据材料、犯罪嫌疑人、被告人及其辩护人所提辩解、辩护意见等认定；难以确定的，依据价格认证机构出具的报告，结合其他证据认定。

油气企业提供的证据材料，应当有工作人员签名和企业公章。

七、关于专门性问题的认定

对于油气的质量、标准等专门性问题，综合油气企业提供的证据材

料、犯罪嫌疑人、被告人及其辩护人所提辩解、辩护意见等认定；难以确定的，依据司法鉴定机构出具的鉴定意见或者国务院公安部门指定的机构出具的报告，结合其他证据认定。

油气企业提供的证据材料，应当有工作人员签名和企业公章。

附件二：事故调查记录

见附表 6-1。

事故调查记录

附表 6-1

事故发生的时间、地点及概况：

抢修接警、出警情况调查（附抢修单复印件）：

抢修单复印件粘贴处

现场记录：（破坏损失描述、绘制现场图、摄像、摄影记录）

相关人员调查笔录：

被调查人签名：

相关资料调查记录（附资料复印件）：

调查时间		地点		被调查人签名	

附件三：事故调查报告

见附表 6-2。

<table>
<tr><td colspan="2" align="center">事故调查报告</td><td align="right">附表 6-2</td></tr>
<tr><td colspan="3">事故经过：</td></tr>
<tr><td colspan="3">事故损失（附损失清单）：</td></tr>
<tr><td colspan="3">人员伤亡：</td></tr>
<tr><td colspan="3">财产损失：</td></tr>
<tr><td colspan="3">事故原因分析：</td></tr>
<tr><td colspan="3">直接原因：</td></tr>
<tr><td colspan="3">间接原因：</td></tr>
<tr><td colspan="3">事故责任认定：</td></tr>
<tr><td colspan="3">事故结论：</td></tr>
<tr><td colspan="3">事故处理意见：</td></tr>
<tr><td colspan="3">预防措施及改进意见：</td></tr>
<tr><td>报告撰写人：</td><td>审核人：</td><td>时间：</td></tr>
</table>

附件四：事故/时间调查询问笔录

调查内容：_____

调查时间：_____

调查地点：_____

询 问 人：_____ 被询问人：_____

记录内容：

被询问人签名：

附件五：事故统计表

见附表 6-3。

事故统计表　　　　　　　　　　　　　　　　　　　　　　附表 6-3

序号	事故发生地点	事故发生时间	类型	事故主要原因	损失

附件六：燃气生产安全事故报告表

见附表 6-4。

燃气生产安全事故报告表　　　　　　　　　　　附表 6-4

事故时间	年　月　日　时　分		事故地点	
事故单位概况				
事 故 伤 亡 及 社 会 影 响 程 度	死亡：　　　（人）失踪：　　　　（人）			
	重伤：　　　（人）轻伤：　　　　（人）			
	初步估计经济损失：　　　　　　（万元） 一、事故简要情况： 二、现场采取的救援措施： 三、事故原因初步分析： 四、社会影响程度：			

第七章 燃气管道常见破坏案例分析

近年来，随着城市建设步伐的不断加快，道路施工、市政基础设施改造、城市轨道交通工程建设、建筑施工等工程逐渐增多，第三方施工损坏燃气管道事故时有发生，并呈现逐年上升的趋势。本章将主要介绍七种常见的破坏形式，包括：（1）燃气管道周边机械开挖；（2）燃气管道周边爆破作业；（3）燃气管道周边钻探勘探；（4）燃气管道上方堆积垃圾或重物；（5）燃气管道周边种植深根植物；（6）燃气管道周边地质灾害造成边坡滑坡；（7）燃气管道周边施工造成地质沉降。并对典型的破坏形式进行危害辨识与案例分析。

第一节　燃气管道周边机械开挖

一、相关规定

《城镇燃气管理条例》（国务院令第 583 号）第三十三条规定：

县级以上地方人民政府燃气管理部门应当会同城乡规划等有关部门按照国家有关标准和规定划定燃气设施保护范围，并向社会公布。

在燃气设施保护范围内，禁止从事下列危及燃气设施安全的活动：

（一）建设占压地下燃气管线的建筑物、构筑物或者其他设施；

（二）进行爆破、取土等作业或者动用明火；

（三）倾倒、排放腐蚀性物质；

（四）放置易燃易爆危险物品或者种植深根植物；

（五）其他危及燃气设施安全的活动。

二、危害辨识

机械挖掘工具具有机械强度大的特点，当在管道周边施工碰触到燃气管道时，极易将燃气管道损坏，导致燃气泄漏。机械开挖施工损坏燃气管道在第三方施工损坏燃气管道设施的事故中属于最常见的现象。

三、案例分析

案例一：北京市昌平区"10·13"燃气管道泄漏事故

2016 年 10 月 13 日 18 时 20 分左右，北京某施工单位在昌平区某镇施工的工程中使用挖掘机进行地表清理作业过程中，将一根直径为 315mm

中压燃气管线破坏，造成燃气泄漏事故。事故影响周边 1647 户居民、94 户公共用户用气，周边商户及居民 605 人被紧急疏散，直接经济损失 4.3816 万元，未造成人员伤亡。

（一）事故原因及性质

1. 直接原因

建设单位未查明建设工程施工范围内地下燃气管线的相关情况，施工单位未检查发现施工现场地面燃气阀井地点及管线走向，使用挖掘机在地下燃气管道安全间距范围内进行挖掘作业，导致燃气管线破裂，是造成燃气管线泄漏的直接原因。

经查，建设单位未查明建设工程施工范围内地下燃气管线的相关情况，未向施工单位提供真实、准确、完整的施工现场及毗邻区域内地下管线资料。施工单位在施工区域基础管线资料不准确、不完整的情况下进场作业，未查明施工场地的明、暗设置物地点及走向，未检查出施工现场燃气阀井，导致挖掘机在地下燃气管道安全间距范围内进行挖掘作业，违反了现行行业标准《建筑机械使用安全技术规程》JGJ 33 第 5.1.4 条规定。

经技术专家组鉴定，施工单位在挖掘渣土中使用的日立 330 型挖掘机，斗铲 1.5m³，对直径为 315mm 聚乙烯塑料燃气管线具有破坏能力，致使直径为 315mm 聚乙烯燃气管线破损，破损穿孔部位直径 8cm，直接造成本次事故发生。

2. 间接原因

（1）施工现场管理缺失。一是施工单位对项目部项目经理及其他管理人员统一调配和协调管理不到位，事故发生前项目经理、部分项目管理人员未到岗履职；二是施工单位项目部未按照规定编制施工组织设计、施工方案，使用无资质的劳务队伍，对使用的劳务人员项目部未按照公司规定进行备案，对施工现场安全检查和安全教育培训不到位。

（2）开工前准备工作不到位。一是建设单位仍使用 1999 年的监理合同，且事故发生前未联系监理单位进场，导致施工现场处于无监理到场履职状态；二是建设单位在建设单位和施工单位均发生变更的情况下，未重新申请领取施工许可证，仍使用 1999 年办理的施工许可证。

3. 事故性质

鉴于上述原因，根据国家有关法律法规的规定，事故调查组认定该起事故是一起因施工现场燃气管线布局情况不明，施工手续不完善，现场安全管理缺失造成的一般生产安全责任事故。

（二）事故防范和整改措施

1. 施工单位要落实防止施工破坏地下管线的直接责任，严格项目经理和项目管理人员的统一调配和协调管理，加强对历史遗留工程项目安全生产管理，强化历史遗留项目恢复施工后的项目监督检查。施工前要全面查明施工场地内的明、暗设置物，再使用大型机械施工。要严格审查项目施工技术资料，加强劳务队伍资质管理，清查在施工程劳务队伍使用情况。加强对挖掘作业机械操作人员和施工人员的安全教育和安全技术交底，确保各项安全措施传达到一线作业人员，防范破坏管线事故的发生。

2. 建设单位要严格履行建设单位防止施工破坏地下管线的主要责任，加强对历史遗留工程项目的建设施工安全生产管理，严格履行项目开工前各项审批手续，确保工程监理单位进场履职。在建设工程施工前要查明建设工程施工范围内地下管线情况，向施工单位提供施工现场及毗邻区域内地下管线资料，并保证资料的真实、准确、完整。施工过程中加强对施工单位地下管线安全防护措施落实情况的检查。

案例二：福州市"10·26"燃气管道泄漏事故

2016 年 10 月 26 日 16 时 45 分，福州市某施工单位在某污水管道改造施工过程中，燃气中压钢管（管径 DN300）被破碎机械钻破一个约 80mm 孔洞，造成燃气泄漏。接报后，福州某燃气公司等相关单位立即启动应急预案组织抢修，20 时 30 分许完成中压管道漏气点修复，次日（27 日）6 时 21 分恢复供气。事故导致当晚附近小区 2506 户用户用气受到影响，直接经济损失约 4.5 万元。

（一）事故原因

事故暴露出城市地面开挖和地下管线施工安全管理缺失、施工单位特别是现场施工班组安全意识淡薄、燃气公司对所属管道监护管理不到位等突出问题。

1. 建设单位在开工前，未向燃气公司查明施工现场及毗邻区域内地下燃气管道相关情况；虽有委托勘测单位对该施工区域进行管线勘测，但测绘数据不全，向施工单位提供的设计图中未标注本次被挖破的燃气管道；未组织施工单位与燃气公司共同制定燃气管道保护方案；该施工项目未委派监理工程师旁站监理。

2. 施工单位未与燃气公司协商采取相应安全保护措施；施工现场管理人员不到位，在接到燃气公司的隐患处理通知书后，未果断停工；未按规定做好施工安全技术交底，在燃气管道安全保护范围内未采用人工开挖的方式施工。

3. 燃气公司巡查人员虽已按制度巡查，并对巡查发现的问题向施工单位现场人员发出隐患处理通知书，但未进行跟踪落实，也未及时向燃气管理部门报告。

(二) 事故防范和整改措施

为吸取事故教训，切实加强燃气管道安全保护工作，防范第三方施工损坏燃气管道安全事故发生，福州市城乡建设委员会提出如下要求：

1. 各级建设行政主管部门要强化燃气管道安全监管。按照《福州市人民政府办公厅转发市建委关于加强我市地下燃气管道保护工作意见的通知》(榕政办〔2011〕295 号)、《福州市城乡建设委员会关于轨道交通工程管线迁改及保护工作若干意见》(榕建公用〔2016〕66 号)，立即组织管道燃气企业对在建项目施工现场及毗邻区域内地下燃气管道安全保护情况进行专项检查，督促建设单位、施工单位、监理单位落实安全责任，切实做好燃气管道安全保护工作。对建设工程施工范围内有地下燃气管道，但未制定管道保护方案或者未采取相应安全保护措施在燃气管道安全保护范围内进行作业的，应责令停止施工，对责任单位、责任人依法依规予以处理并通报，对建设、施工、监理单位及管道燃气企业起到安全警示教育作用。

各级建设行政主管部门要强化职能部门监督检查力度，落实网格化管理，施工现场监管部门要把各方主体落实管道安全保护责任情况纳入日常安全监管，特别是对市政先行工程项目，建设单位在开工前必须先向燃气公司查明施工现场及毗邻区域内地下燃气管道情况，制定《燃气管道保护方案》后方可施工。

对造成施工破坏燃气管道事故的，各有关部门（处室）要相互配合，联合执法，责任倒查。对涉事建设、施工、监理和燃气企业不仅要行政处罚，还应记入企业不良信用档案，对相关责任人进行记分、行政处理和行政处罚，严管重罚，确保地下燃气管道运行安全。

2. 各建设单位、施工单位、监理单位、管道燃气企业要认真贯彻执行《福州市人民政府办公厅转发市建委关于加强我市地下燃气管道保护工作意见的通知》(榕政办〔2011〕295 号)、《福州市城乡建设委员会关于轨道交通工程管线迁改及保护工作若干意见》(榕建公用〔2016〕66 号)等规定，近期全面检查施工现场及毗邻区域内地下燃气管道安全保护情况，针对薄弱环节，立即采取措施整改到位，抓实燃气管道安全保护工作。

（1）建设单位开工前，要向管道燃气企业查明建设工程施工范围内地下燃气管道情况，查询结果及时提供给勘察、设计、施工、监理等单位；对重点工程、复杂工程（如城市道路、城市轨道交通工程等建设项目），要组织管线综合协调会，召集参建各方及各管线单位，共同审查勘察单位及管线单位提供的现状管线资料是否准确、是否有缺漏；对建设工程施工范围内有地下燃气管道的，应会同施工单位与管道燃气企业共同制定燃气管道保护方案，并经常检查督促项目管理人员落实燃气管道保护责任。

（2）施工单位在施工前，负责项目管理的技术人员应把燃气管道保护方案技术要求向施工作业班组、作业人员（尤其是铲车、挖掘机操作人员）作出详细说明，并签字确认；确需在燃气管道保护范围内（次高压燃气管道两侧2m之内，中压、低压燃气管道两侧1m之内）施工的，必须采取人工开挖方式进行。要建立每天施工动土确认制度，在燃气管道安全保护范围内施工作业的，项目施工员、安全员必须在场，督促作业班组和作业人员落实燃气管道安全保护措施，必要时可要求管道燃气企业派员到场指导、监护。施工期间，不得擅自移动、覆盖、涂改、拆除、裸露、悬空等破坏燃气管道设施及安全警示标志，如有发现管道安全警示标志缺失、移位或环境发生变化，应及时补设临时安全警示标志。同时，施工单位要与挖掘机租赁公司强化操作人员的安全培训，明确岗位安全责任。

（3）监理单位应认真审查管道保护方案技术措施，对燃气管道安全保护范围内的工程开挖活动，应当委派监理工程师进行旁站监理，对危害燃气管道设施安全的施工活动必须立即制止或报告。

（4）管道燃气企业要简化办理燃气管道咨询、燃气管道保护方案办事流程，进一步加强与建设单位、施工单位、监理单位、各管线产权单位、监管机构等单位的施工现场管道保护联动，主动靠前服务。要强化管道巡查人员安全责任，加大对重点工程、复杂工程、重要路段施工现场管道巡查频率，对巡查发现安全隐患的，应及时劝阻、制止，跟踪落实到位。对制止无效的，应及时报告燃气管理部门和有关监管部门，确保燃气管道运行安全。

案例三：新兴县"11·12"燃气泄漏火灾事故

2017年11月12日9时55分，广东某道路施工人员在新兴县某地施工作业时挖破燃气管道，造成燃气泄漏，气体遇明火燃烧引发火灾事故，事故造成直接经济损失约25万元。

（一）事故发生的原因

1. 直接原因

燃气公司仅提供设计施工图纸给建设单位，再由建设单位提供给施工单位，但燃气公司并没有提供沟槽开挖验收记录，对管线埋设实际数据与施工图纸有偏差的情况不明，且没有派驻专职人员到施工现场进行指引，未对燃气管道（DN160）现状进行探测并提供实体数据，是该事故发生的直接原因。

2. 间接原因

施工单位在前期准备工作不严谨，在燃气公司仅提供燃气管道设计施工图纸时，未要求燃气公司提供该路段沟槽开挖验收记录，致使挖掘机操作人员在扩建车道施工过程中，细节处理不到位，没有注意到埋在地下的燃气管道真实深度，致使施工作业过程中挖破燃气管道，管道破裂燃气泄漏后遇明火导致火灾事故的发生，是该事故发生的间接原因。

（二）事故性质

根据现场勘察、调查取证，经事故调查组综合分析，认定新兴县"11.12"燃气泄漏火灾事故是一起生产安全责任事故。

（三）事故防范和整改措施

1. 燃气公司：要深刻汲取事故教训，对全县燃气管道开展全面性的事故隐患排查，并记录好相关治理情况，加强施工作业现场生产安全的监管，所有项目竣工验收后必须依法依规向燃气主管部门报备，同意后方可投入使用，防止类似事故的发生。

2. 施工单位：要深刻汲取事故教训，举一反三，严格执行各项规章制度，强化作业人员安全生产教育培训，严禁未经教育培训或教育培训不合格人员上岗作业，加强施工作业现场生产安全的监管，防止类似事故的再次发生。

3. 建设单位：要继续完善相关的安全生产资料，对施工项目实行全方位安全管理，定期进行安全隐患排查，防止其他事故发生。

案例四：兰州"9·18"燃气管道泄漏事故

2019年9月18日23时30分，因电信光缆故障，影响网络正常使用，某通信工程公司抢修施工人员用电镐将管径DN80的一根天然气管道打破并造成天然气泄漏，该漏点于2019年9月19日07时08分修复完毕。

（一）违法认定

施工单位存在未与燃气公司共同制定燃气设施保护方案并签订安全施

工协议行为，违反了《兰州市燃气管理条例》第三十五条第二款规定：在燃气设施保护范围内，有关单位从事敷设管道、打桩、顶进、挖掘、钻探等可能影响燃气设施安全活动的，应当在开工前与燃气经营者共同制定燃气设施保护方案并签订安全施工协议，按照相关规定采取安全保护措施后施工。

（二）处罚情况

对某通信工程公司处 75000.00 元罚款的行政处罚。

案例五：兰州"10·11"燃气管道事故

2019 年 10 月 11 日，某污水处理厂改扩建工程在场地平整过程中，由于施工方法不当，将场区内一处直径为 160mm 天然气中压管道破坏，造成燃气泄漏。当事单位联系燃气公司对破损管道进行紧急维修，当日已恢复供气。

（一）违法认定

施工单位在管线周边施工时存在未采取专项防护措施导致管线破坏的行为，违反了《建设工程安全生产管理条例》（国务院令第 393 号）第三十条第一款规定：施工单位对因建设工程施工可能造成损害的毗邻建筑物、构筑物和地下管线等，应当采取专项防护措施。

（二）处罚情况

对施工单位未采取专项防护措施进行施工的违法行为，处 100000 元罚款的行政处罚。

（三）事故防范和整改措施

1. 各参建单位要进一步完善关键工序和重要环节管理，切实做好施工过程中地下管线保护工作。建设单位及时向管线权属单位反馈实施项目有关情况，管线权属单位提交本项目工程范围内管线现状资料，向施工单位作好书面技术交底；对原有地下管线情况不明或管线埋设位置难以判断的，建设单位应委托具备资格的第三方勘测单位对地下管线进行探测，并在施工过程中进行跟踪监测。施工单位要规范施工现场的交底工作，形成书面交底记录；对发现资料中与实际情况有差异或管线的埋设位置无法判断的，立即停止施工作业，并通知建设单位、监理单位和管线权属单位，在有关单位人员到现场监护并采取相应保护措施后方可施工。

2. 燃气行业主管部门要进一步加强行业监管，燃气经营单位要切实做好燃气管道的日常巡查检查工作，对燃气管线的走向分布和地面燃气标识的设置情况进行全面排查确认，精准掌握地下燃气管线的位置。对在巡查中发现的违法违规施工问题要及时制止并上报给建设主管部门，要严格审查建设单位、施工单位、监理单位共同提交的地下管线保护方案和专项施工方案，对不符合要求的方案督促其完善。

第二节　燃气管道周边爆破作业

一、相关规定

《中华人民共和国石油天然气管道保护法》第三十二条：在穿越河流的管道线路中心线两侧各500m地域范围内，禁止抛锚、拖锚、挖砂、挖泥、采石、水下爆破。但是，在保障管道安全的条件下，为防洪和航道通畅而进行的养护疏浚作业除外。

第三十三条：在管道专用隧道中心线两侧各1000m地域范围内，除本条第二款规定的情形外，禁止采石、采矿、爆破。

在前款规定的地域范围内，因修建铁路、公路、水利工程等公共工程，确需实施采石、爆破作业的，应当经管道所在地县级人民政府主管管道保护工作的部门批准，并采取必要的安全防护措施，方可实施。

第三十五条：进行下列施工作业，施工单位应当向管道所在地县级人民政府主管管道保护工作的部门提出申请：

（一）穿跨越管道的施工作业；

（二）在管道线路中心线两侧各5～50m和本法第五十八条第一项所列管道附属设施周边一百米地域范围内，新建、改建、扩建铁路、公路、河渠，架设电力线路，埋设地下电缆、光缆，设置安全接地体、避雷接地体；

（三）在管道线路中心线两侧各200m和本法第五十八条第一项所列管道附属设施周边500m地域范围内，进行爆破、地震法勘探或者工程挖掘、工程钻探、采矿。

县级人民政府主管管道保护工作的部门接到申请后，应当组织施工单位与管道企业协商确定施工作业方案，并签订安全防护协议；协商不成的，主管管道保护工作的部门应当组织进行安全评审，作出是否批准作业的决定。

二、危害辨识

燃气管道周边爆破作业引起管道振动，爆破振动速度或高温超过管道承受范围引发管道失效泄漏。

对于国家重点工程或其他特殊需求，需要在管道周边实施爆破作业的，应依据现行国家标准《爆破安全规程》GB 6722、《建筑抗震设计规范（2016年版）》GB 50011、《室外给水排水和燃气热力工程抗震设计规范》GB 50032、现场地质情况、燃气管道与爆破点的距离等资料制定爆破施工方案，同时在管道与爆破点之间设置实体保护或开挖一条减震沟，降低力的传播强度，在爆破作业中应全过程对燃气管道进行爆破振动监测。

三、案例分析

案例：加拿大某公司"6·28"天然气管道爆炸事故

1. 事故概述

2012年6月28日23时5分，加拿大某公司运营管理的A管道（管径406.4mm、发生事故时管道压力为6.65MPa）在里程标志1.93（KP1.93）处发生破裂，含硫燃气从破裂管道逸出发生燃烧，大火波及邻近的林区。大约25min后，相同方向间隔3m的B管道（管径168.3mm、发生破裂时管道运行压力和温度分别为0.87MPa和12℃）发生破裂，含硫燃气从破裂处逸出发生燃烧。

A管道泄漏的天然气总量达955000m³（近似），B管道泄漏量为6400m³（近似）。烧毁区域约1.6hm²。

事故发生后，国家运输安全委员会（NTSB）实地检查：A管道事故形成一个长17m、宽7.6m、深1.1m的巨大火坑（图7-1）；6m长管段脱离向东北方向弹出20m（图7-2）；火坑内发现剩余受损A管段和整个受损B管段。

2. 事故原因

A管道在KP1.93处发生破裂，管道的承载能力由于已存在的环向裂纹而降低，环向裂纹随时间的推移而增长，导致了爆炸和火灾。A管道的爆炸使B管道受到振动且在爆炸坑内暴露，25min后因局部过热，管道强度和承压能力降低，导致管道膨胀破裂，图7-3为B管道失效部分。

图 7-1　事故发生地点航空视图

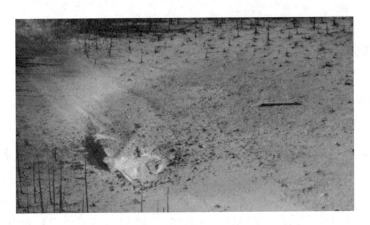

图 7-2　事故发生地点火坑和弹射出的管段

图 7-3　B 管道失效部分

第三节　燃气管道周边钻探勘探

一、相关规定

《中华人民共和国石油天然气管道保护法》第三十五条：进行下列施工作业，施工单位应当向管道所在地县级人民政府主管管道保护工作的部门提出申请：

（一）穿跨越管道的施工作业；

（二）在管道线路中心线两侧各 5～50m 和本法第五十八条第一项所列管道附属设施周边一百米地域范围内，新建、改建、扩建铁路、公路、河渠，架设电力线路，埋设地下电缆、光缆，设置安全接地体、避雷接地体；

（三）在管道线路中心线两侧各 200m 和本法第五十八条第一项所列管道附属设施周边 500m 地域范围内，进行爆破、地震法勘探或者工程挖掘、工程钻探、采矿。

县级人民政府主管管道保护工作的部门接到申请后，应当组织施工单位与管道企业协商确定施工作业方案，并签订安全防护协议；协商不成的，主管管道保护工作的部门应当组织进行安全评审，作出是否批准作业的决定。

二、危害辨识

在地质勘探和建筑基础勘察中，需要借助强大的冲击力、剪切力、研磨和压力来破碎岩土，在钻头钻进过程中，若触碰到燃气管道，会钻穿管道，造成燃气管道泄漏。

三、案例分析

案例一：松原市"7·4"城市燃气管道泄漏爆炸较大事故

2017 年 7 月 4 日，松原市某路发生城市燃气管道泄漏爆炸事故。事故共造成 7 人死亡（其中当场死亡 5 人，住院医治无效死亡 2 人），85 人受伤（其中重伤 13 人，轻伤 72 人）。事故造成直接经济损失 4419 万元。调查认定，松原市"7·4"城市燃气管道泄漏爆炸事故是一起较大生产安全责任事故，图 7-4 为燃气管道泄漏爆炸后现场。

图 7-4　燃气管道泄漏爆炸后现场

（一）事故直接原因

1. 泄漏点确认

经现场开挖确认，泄漏位置在某路段，漏孔直径约 0.06m，埋深约 3.9m，距某医院综合楼南区墙体垂直距离为 8.23m，距某医院总务科平房墙体垂直距离为 2.78m，图 7-5 为燃气管道泄漏点。

图 7-5　燃气管道泄漏点

2. 燃气扩散和积累原因分析

泄漏的燃气通过拔出的钻杆的孔，大部分直接泄漏出地表面，在漏点上方周围扩散，其余部分通过地下缝隙及松土层向周边扩散。当日13:00～15:00西南风1级，对泄漏的燃气的扩散影响很小，泄漏的燃气迅速弥漫漏点周围空间，扩散至周边建筑物内，图7-6为泄漏点剖面管道位置图。

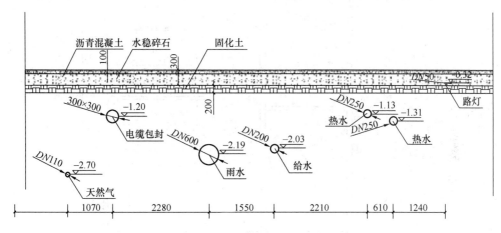

图7-6　泄漏点剖面管道位置图

燃气主要通过4条通道进入某医院综合楼：第一条是通过松土层进入综合楼底部的沉降空间，并进入地沟；第二条是通过洗衣房的门，并经与该洗衣房通向走廊的门，与东区走廊形成气流通道进入医院东区；第三条是通过敞开的门窗，直接扩散进入综合楼各房间；第四条是通过医院综合楼西侧的户外门进入。

燃气主要通过两条通道进入医院总务科平房区（图7-7）：第一条通道是通过回填土缝隙和松土层，经自建的沉井（沉井中心距漏点距离5.8m）进入下水管，再进入总务科水暖工办公室，并在平房内扩散；第二条通道是通过门窗扩散到室内。

3. 初始爆炸点确认

调取监控视频显示：爆炸发生于7月4日14时51分26秒，初始爆炸点位于某医院总务科平房内（图7-8）。

4. 点火源分析

某医院总务科平房内的多个室内空间燃气积累到爆炸极限，室内电话、打印机、传真机、自动加热电热水器等任意1台电子设备的随机启动，均可成为点火源，引发燃气爆炸。

5. 事故直接原因

旋喷桩施工过程中钻漏中压燃气管道，导致燃气大量泄漏，扩散到附

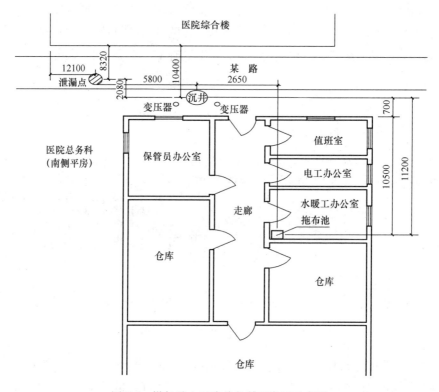

图 7-7 燃气进入医院总务科平房区示意图

图 7-8 燃气在某医院总务科平房内引爆

近建筑物空间内，并积累达到爆炸极限，遇随机不明点火源引发爆炸。

管道实际位置与竣工图严重不符。经现场勘测，泄漏点实测管位比竣工图标示位置向某医院综合楼方向偏离 1.25m，泄漏点管位与现场燃气管道标识牌位置向某医院综合楼方向偏离 0.895m（图 7-9），且没有按照设计安装阀门。按设计图纸在泄漏点以东约 200m 处，应设有 1 个阀门（PE 球阀 DN110），但竣工图上没有，现场也没有，企业未能提供设计变更记录。

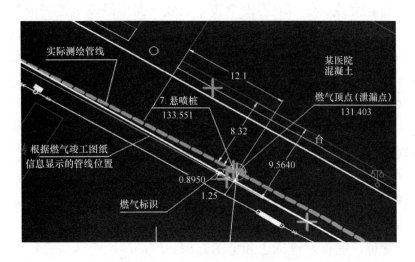

图 7-9　泄漏点燃气管道实际位置与竣工图标示及燃气标识牌位置

（二）事故防范措施

1. 树立安全发展理念，进一步健全完善安全生产责任体系。按照"党政同责、一岗双责、齐抓共管、失职追责"和"管行业必须管安全、管业务必须管安全、管生产必须管安全"的要求，健全完善安全生产责任体系。

2. 严格落实安全生产主体责任，不断夯实安全生产基础。要切实把健全安全生产责任制、落实安全生产管理制度、安全生产教育培训、安全生产隐患排查治理体系建设、加大安全生产投入、应急管理等作为安全生产监督检查的重要内容，落实各方监管责任，充分运用市场机制，发挥安全生产责任保险和联合惩戒的作用，推动企业落实安全生产主体责任，促进企业提高安全生产的主动性和自觉性，健全安全生产规章制度，建立"安全自查、隐患自除、责任自负"的企业自我管理机制。

3. 深入开展建筑施工领域专项整治和综合治理，严厉打击非法违法行为。切实加大对违法建设和违法转包、违法分包、分包再转包及资质挂靠等问题的监督检查力度，严厉打击建设工程领域非法、违法行为；加大安全教育培训监督检查力度，严厉打击不经教育培训上岗、安全管理人员和特种作业人员无证上岗行为，违法行为一经发现，坚决严肃查处、严厉处罚。严格落实建设工程"五方责任主体"的安全管理责任。建设单位要及时提供真实、准确、完整的施工现场有关资料，并切实加强施工现场的安全管理；勘察单位要及时提供真实、准确、完整的施工现场勘察文件；设计单位要在设计文件中明确安全技术措施，提出保障施工安全和预防生产安全事故的措施建议；监理单位要认真履行监理职责，严格审查施工组织设计和专项施工方案，切实加强施工现场安全的监理工作；施工单位必须在其资质等级许可范围内承揽工程，设立安全生产管理机构或配备专职安全管理人员，建立健全安全管理制度，保证安全生产经费投入，同时制定的施工组织设计和专项施工方案要有安全风险分析、安全防范措施等内容，切实加强施工现场的安全管理。

4. 加强地面开挖和地下施工管理，切实保障油气等危险化学品管道安全。建立完善的涉及地下管道的施工管理制度，制定管道保护方案和安全保护措施，切实加强地下施工安全管理。燃气公司要落实责任，加强管道的安全管理，完善管道标志和警示标识，增加高风险区域警示标志、标识的密度，加强日常巡线检查，及时制止未经审批的施工，对经审批的施工，开始施工前，燃气公司要对地下管道情况进行现场交底，并做出明确的标识，指派专业人员进行现场监督指导。建设单位要在施工前查询施工现场及毗邻区域内地下管道资料，组织施工单位、燃气公司和监理单位，研究制定施工方案、管道保护方案和安全保护措施。施工单位在施工前应向地下施工安全管理部门提出申请，并在开工 7 日前书面通知燃气公司；要严格按照施工范围和施工方案进行施工，严禁未经批准和在管道情况不明的情况下盲目施工。监理单位要严格审查地下管道安全保护措施，对涉及地下管道的施工现场实行旁站式监理。地下施工安全管理部门要认真查阅有关资料，全面摸清施工涉及区域地下管道的分布和走向，督促建设单位、施工单位与燃气公司共同审定施工范围，制定施工方案、管道安全保护措施和应急预案；对于施工区域与管道距离不足、地下管网复杂且管道损坏后果严重的，禁止使用水平定向钻施工，应采取地面开挖方式进行管道穿越。

5. 切实加强燃气公司安全监管，确保燃气管道运行和用气安全。对邻近重要建筑物及人员密集场所的街路建设的次高压或中压燃气管道，要合理增设阀门。加强对燃气管道施工和竣工验收的安全监管，认真做好燃气管道的检验监督工作，防止非法、违法施工和燃气管道带病、超压运行；对采用定向钻敷设的燃气管道，必须校准竣工图，真实反映管道位置及埋深。针对埋层较深，不便于挖探坑的管道，在穿越距离较长的情况下，必要时在入土点及出土点设置阀门。要加强燃气公司安全监管和燃气设施保护工作，强化对燃气公司安全生产工作的日常监督检查，督促燃气公司落实安全生产各项制度，切实加强燃气管道运营和用气安全管理，强化安全生产教育培训，努力提高从业人员安全技能。

案例二：赣州市"8·30"次高压天然气管道燃气泄漏事故

2016年8月30日18时许，江西省某设计院在赣州市某工程地质勘察项目（三标段）QZK176号钻孔施工时，钻破次高压天然气管道，导致燃气泄漏，造成重大经济损失和不良社会影响。

（一）事故原因和性质

1. 直接原因

勘察单位安全管理脱节，在与燃气公司尚未最终确认燃气管道走向、位置，并约定次日再次进行确认的情况下，擅自安排勘察作业，并且在勘察钻孔作业时，钻头侧面击中最大埋深12m、压力1.5MPa的次高压天然气管道（钢管 $\phi406\times7.1mm$），造成管道形成长约10cm、最宽处约2cm的长条形裂口，导致燃气泄漏。因停机后钻头卡在裂口处，客观上抑制了燃气大强度泄漏。

2. 间接原因

（1）勘察单位安全责任制落实不到位。违反规定，在没有最终确认事发区域燃气管道走向情况下，依据管道普查图进行勘察作业，未保证燃气管道安全；未按照规定与燃气公司签订《安全保护协议》。

（2）燃气公司安全管理不到位。违反规定在次高压天然气管道工程竣工后未将竣工验收情况报燃气管理部门备案，也未向规划部门申请办理竣工规划核实；在多次燃气管道走向确认过程中，没有提供管道竣工图；在事发区域没有按照标准规范要求设置燃气管道标志桩和警示牌。

（3）燃气管线普查图不实。市城乡规划单位受政府有关部门委托进行中心城区燃气管线普查时，没有充分收集燃气管道竣工验收资料；采用推测方法调绘的近300m燃气管线没有采用虚线等特殊符号在普查图上进行标注；在燃气管线普查时，燃气公司没有认真审核事发区域管线普查图，造成管线普查图与实际情况存在重大误差。

（4）燃气管理部门未按照规定会同市城乡规划等有关单位按照国家有关标准和规定划定燃气设施保护范围并向社会公布。

3. 事故性质

经调查认定，中心城区迎宾大道"8·30"次高压天然气管道燃气泄漏事故是一起生产安全责任事故。

（二）整改防范措施建议

1. 建立完善燃气设施安全保护长效机制。尽快制定《＿＿＿市燃气设施保护办法》，明确燃气设施安全保护范围、安全控制范围，明确燃气管理部门、发展改革委、国土、城管、城乡规划、燃气公司、建设单位、施工单位、物业管理单位、施工安全监督部门等在燃气设施保护工作中的职责，细化燃气设施保护工作程序。

2. 建立完善会商联动机制，落实安全责任。

（1）城乡规划单位要牵头建立健全会商机制，对涉及燃气设施保护范围内的工程，在规划设计前，要与工程建设相关单位进行会商，通报工程规划设计信息，交流燃气管道信息，确定燃气管道位置走向。

（2）燃气管理部门要加强燃气管道保护范围内工程施工的各相关单位的联系，与水务、通信、道路及其他管线单位建立联动机制，及时通报施工信息，对施工作业所涉及的施工许可手续特别是燃气管道安全保护协议等进行验证，经验证后方能进行施工。同时，燃气管理部门要按照规定会同城乡规划等有关部门按照国家有关标准和规定划定燃气设施保护范围，并向社会公布；要及时督促燃气公司将竣工验收情况进行备案。

（3）燃气公司要强化燃气设施安全管理，加强管道巡查员管理和培训，完善告知函内容，及时提供燃气管道竣工图，认真做好施工区域内燃气管道走向的确认工作，及时与施工单位签订《安全保护协议》，对没有签订《安全保护协议》而进行施工的情况要及时向燃气管理部门报告；燃气管道工程完工后，要按规定及时将竣工验收情况报燃气管理部门备案，同时向城乡规划部门申请办理竣工规划核实；要对燃气管道标识、标志桩、警示牌进行一次全面大检查，按照标准规范要求完善燃气标识桩和警示牌。

（4）施工（勘察）单位要切实加强对作业现场的管控，强化安全管理，防止安全管理脱节，必须在与燃气公司最终确认管道位置并签订《安全保护协议》后方能施工，杜绝野蛮违章施工。

（5）建设单位要加强与燃气公司及施工（勘察）单位的沟通与联系，积极配合做好燃气管道走向位置确认工作。

（6）燃气管道普查单位要认真收集燃气管道竣工资料，对采用推测方法调绘的燃气管线应采用虚线等特殊符号在普查图上进行标注。

3. 建立燃气设施保护宣传教育机制。利用报纸、电台、电视台对建设单位、施工单位及社会大众燃气设施保护知识及注意事项的宣传，提高建设单位、施工单位确保燃气设施安全主动性、自觉性和责任感，增强各单位及广大市民燃气设施的保护意识，形成良好的燃气设施保护社会氛围。

4. 严厉打击破坏燃气设施行为。燃气管理部门及有关部门要按照"全覆盖、零容忍、严执法、重实效"的要求，加大执法力度，严厉查处和打击破坏燃气设施的各类违法违规行为，对造成严重后果的，依法追究刑事责任，以震慑野蛮施工、蓄意破坏燃气设施的违法行为。

案例三：银川市"11·12"天然气管道泄漏事故

2017年11月12日17时左右，宁夏某施工单位在银川市某地进行顶管作业时，将天然气管道顶破，造成天然气泄漏着火事故，事故造成2人被轻度灼伤、路边停放的车辆和临街个别商铺不同程度受损，影响周边部分用户生活用气。

（一）事故发生原因和性质

1. 直接原因

施工单位在没有确认天然气管线具体位置的情况下盲目顶管作业，且顶管作业距离超过许可距离是导致事故发生的直接原因。

2. 间接原因

（1）建设单位将顶管作业发包给施工单位后，没有会同施工单位与燃气公司共同制定燃气设施保护方案，没有对施工单位的安全生产统一协调、管理。

（2）施工单位没有建立安全管理制度，在未明确施工区域地下燃气管线的具体情况下盲目施工，且施工前没有采取相应的安全保护措施确保燃气设施运行安全。

（3）燃气公司没有将事故管线资料移交城市建设档案管理机构，2015年开展的地下管线普查也没有掌握事故中受损天然气管线信息，且事故管线为PE材料，仪器无法探测到，导致规划测绘单位出具的综合管线图未反映出事故中受损管线的位置。

（4）对从业人员，目前还没有从事顶管作业准入要求，从业人员和施工单位存在安全生产条件严重不足的情况，由于掘占道路施工许可证有效期是在某一时间段内，不能够确定顶管作业具体的施工时间，导致对顶管施工存在事前审批严、事中监管不足的问题。

3.事故性质

经调查认定，此次事故是一起由于施工单位盲目施工和超许可距离施工导致的一般燃气泄漏着火生产安全责任事故。

（二）事故防范和整改措施

1.施工单位要切实落实安全生产主体责任，制定符合本企业实际的安全生产管理制度，规范企业内部安全生产管理；制定顶管作业安全操作规程，把地下管线产权和使用单位到达施工现场监护作为能否施工的必要条件，强化顶管作业全过程的安全管理；顶管作业前主动报监管部门，主动接受监督管理；施工单位主要负责人要加强所从事行业法律法规的学习，提升安全意识和安全管理能力，加强对本企业从业人员的安全培训教育。

2.建设单位要认识到对发包工程负有的管理责任，建立健全安全生产责任制，明确发包工程安全管理责任，加强对施工单位的安全生产统一协调、管理，要严把工程发包关，不得将工程发包给不具备安全生产条件的单位或个人。

3.燃气公司要对所属天然气管道进行全面排查，对天然气管线资料未移交城市档案管理机构的，要全部移交；要加强城镇地下天然气管线巡查检查，特别是顶管作业区域存在天然气管线的要增加巡查检查频次，同时，要提高服务意识，要把提高服务水平作为抓好管线安全的重要手段。要进一步完善应急预案，加强应急处置教育培训工作，规范应急处置流程，确保应急处置人员在自身安全的前提下开展应急处置工作。

4.市规划部门要组织地下管线产权单位全面开展地下管线排查，重点排查地下管线资料移交情况，进一步完善全市地下管线图；市审批部门要将涉及地下管线施工的许可情况及时通报有管辖权的部门，强化事前、事中监管衔接，探索完善事前许可前置内容，将地下管线产权单位意见作为许可前置条件；市住房城乡建设部门要完善工程开工报告制度，准确掌握顶管作业开工时间，加强顶管作业过程监管，针对屡次发生的类似事故，要积极与上级业务主管部门沟通，尽快建立顶管作业准入制度，加强源头管控。

案例四：兰州市"9·30"燃气管道泄漏事故

2019年9月30日8点40分左右，某路桥公司在打桩时发生燃气管线挖破事故，造成燃气泄漏，于2019年10月1日1点恢复燃气管网正常运行。

（一）违法认定

施工单位存在未对地下管线采取专项防护措施的行为，违反了《兰州市燃气管理条例》第三十五条第二款。在燃气设施保护范围内，有关单位从事敷设管道、打桩、顶进、挖掘、钻探等可能影响燃气设施安全活动的，应当在开工前与燃气经营者共同制定燃气设施保护方案并签订安全施工协议，按照相关规定采取安全保护措施后施工。

监理单位存在未审查施工单位施工组织设计、专项施工方案、质量安全保证措施和应急救援预案等并督促落实的行为，违反了《甘肃省建设工程质量和建设工程安全生产管理条例》第三十一条。工程监理单位应当按照法律、法规、技术标准、设计文件和合同约定，对建设工程的质量和安全生产承担监理责任，并履行下列责任和义务：

（1）编制监理规划和监理实施细则，并按照监理规划、细则及工程监理规范的要求，采取旁站、巡视和平行检验等方式，对工程施工过程实施监理；

（2）审查施工单位施工组织设计、专项施工方案、质量安全保证措施和应急救援预案等并督促落实。

（二）处罚情况

对某路桥公司未对地下管线采取专项防护措施的违法行为，处100000.00元罚款的行政处罚；对监理公司未审查施工单位施工组织设计、专项施工方案、质量安全保证措施和应急救援预案等并督促落实的违法行为，处30000元罚款的行政处罚。

第四节 燃气管道上方堆积垃圾或重物

一、相关规定

《中华人民共和国石油天然气管道保护法》第三十条在管道线路中心线两侧各五米地域范围内，禁止下列危害管道安全的行为：

（一）种植乔木、灌木、藤类、芦苇、竹子或者其他根系深达管道埋设部位可能损坏管道防腐层的深根植物；

（二）取土、采石、用火、堆放重物、排放腐蚀性物质、使用机械工具进行挖掘施工；

（三）挖塘、修渠、修晒场、修建水产养殖场、建温室、建家畜棚圈、建房以及修建其他建筑物、构筑物。

《城镇燃气管理条例》第三十三条：县级以上地方人民政府燃气管理部门应当会同城乡规划等有关部门按照国家有关标准和规定划定燃气设施保护范围，并向社会公布。

在燃气设施保护范围内，禁止从事下列危及燃气设施安全的活动：

（一）建设占压地下燃气管线的建筑物、构筑物或者其他设施；

（二）进行爆破、取土等作业或者动用明火；

（三）倾倒、排放腐蚀性物质；

（四）放置易燃易爆危险物品或者种植深根植物；

（五）其他危及燃气设施安全的活动。

《城镇燃气管网运行、维护和抢修技术规程》CJJ 51—2016 第 4.2.3条第 3 款规定：管道上方不应堆积、焚烧垃圾或放置易燃、易爆危险物品、种植深根植物及搭建建（构）筑物等。

二、危害辨识

燃气管道上方严禁堆积垃圾或重物，做好燃气管道保护，增加燃气管线标识，做好保护燃气管道的宣传。主要原因有以下几个方面：（1）若燃气管道泄漏，燃气管道上方堆积垃圾或重物，不利于抢修；（2）燃气管道上方堆积、焚烧垃圾，燃烧温度过高导致燃气管道烧穿，发生着火、爆炸事故；（3）燃气管道上方堆积重物，可能会压坏燃气管道。

三、相关案例

案例一： 四川某地燃气管道附近烧垃圾引发燃气管道爆炸起火

2016 年 2 月 20 日 15 时 15 分左右，四川某地发生天然气管道爆炸起火，泄漏燃气燃烧形成 20 余米高的火焰。事发后，当地消防立即到现场灭火。经初步调查，疑为当地居民在燃气管道附近烧垃圾，因温度过高而引起管道爆炸，所幸未造成人员伤亡。

案例二： 合肥一地下天然气管道泄漏起火，2000 余户居民用气受影响

2011 年 2 月 22 日 14 时许，合肥某小区外一处燃气管道泄漏引发大火，几百米范围内土壤被烧焦，初步判断系有人焚烧垃圾所致。大火火势凶猛，10m 多高的火苗将路边电线烧断，附近的树木都被燃烧，小区不少居民被疏散。由于大火将高压电线烧断，附近小区也被迫停电。

第五节　燃气管道周边种植深根植物

一、相关规定

《中华人民共和国石油天然气管道保护法》规定：在管道线路中心线两侧各 5m 地域范围内，禁止种植乔木、灌木、藤类、芦苇、竹子或者其他根系深达管道埋设部位可能损坏管道防腐层的深根植物。

二、危害辨识

燃气管道上方禁止种植深根植物的原因有三个方面：（1）深根植物根系的顶破、穿透能力很强，会导致管道的防腐层破损，加速管道的腐蚀，使燃气管道的服役寿命大大降低；（2）给管道的日常运行维护带来不便；（3）深根植物妨碍维抢修作业，出现紧急情况时，树木砍伐、根系清除延误抢险处置时间，使险情得不到及时、有效的处置。

三、案例情况

2018 年 9 月 16 日 13 时许，15 级超强台风"山竹"将深圳下梅林一树木连根拔起，同时树木根系拉断了下面的燃气管道，造成泄漏，导致 10264 户停气约 12h，泄漏现场如图 7-10 所示。

图 7-10　泄漏现场

第六节　燃气管道周边地质灾害造成边坡滑坡

一、危害辨识

地质灾害引发土壤运动和地表变形，从而导致埋地管道产生弯曲、压缩、扭曲、拉裂、局部屈曲等破坏行为。为了避免地质灾害事故，管道勘察设计阶段应尽量避绕不稳定地质区域，主动避开城乡规划区，认真做好地质灾害易发多发地区的合理选线和有效防护；无法避绕的，应采取合理的敷设方案和预防措施，以增强管道对地质灾害的抵抗能力；对管道地质灾害高风险区，则应预测灾害类型，因地制宜，采取加密地质灾害识别评价、科学有效防护等综合措施，及时降低风险、消除隐患，最大限度地减少、避免地质灾害对油气输送管道安全运行的破坏。

二、案例分析

案例一：贵州省某县"7·2"输气管道燃烧爆炸事故

2017年7月2日，位于贵州省某县的某输气管道发生泄漏引发燃烧爆炸，当天12时56分现场明火被扑灭，事故造成8人死亡、35人受伤（其中危重4人、重伤8人、轻伤23人）。经初步分析，当地持续降雨引发公路边坡下陷侧滑，挤断沿边坡埋地敷设的输气管道，导致天然气泄漏引发燃烧爆炸。

该管道2010年动工，2013年10月建成投产，管径1016mm，设计压力10MPa。贵州省某县某镇为侵蚀切割山区地貌，中低山～中山为主。在断裂爆燃段，管道在自然斜坡坡脚敷设，坡体为二叠系近水平薄至中厚层状细砂岩，覆盖层较薄，管道敷设在强风化的基岩沟槽内。管道建成后，当地在管道上方斜坡中部切坡修建公路，公路下方边坡堆积杂填土，坡度约35°（图7-11）。

滑坡为道路外侧填方边坡沿基岩面发生滑动形成（图7-12、图7-13）。滑坡后缘宽度约30m，前缘宽度约40m，滑坡后缘到管道距离约25m，厚度约4～8m，滑坡体积约6500m³。

降雨是导致滑坡的重要诱发因素。事发前20天为持续阵雨为主的天气，长时间持续的降雨使土层趋于饱和，土体重力密度增加、强度降低，

图 7-11 贵州省某县某镇燃气管道断裂燃爆点平面图

图 7-12 滑坡后缘错动陡坎

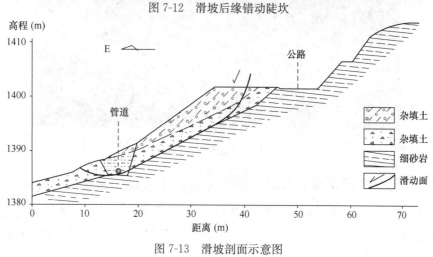

图 7-13 滑坡剖面示意图

为滑坡创造了力学条件。公路外侧的填方堆载则为滑坡提供了不稳定土体。经计算，在不考虑管道下方土体的阻滑作用时，根据现行国家标准《建筑边坡工程技术规范》GB 50330 附录 A.0.2，计算得滑坡在管道位置的剩余推力最大可达 450kN/m；按横穿状态下均质滑坡对管道的推力计算方法，作用于管道的推力最大可达 228kN/m；按完全弹性材料计算管道的内力、应力时，在该推力下滑坡中部管壁最大拉应为 1738MPa，远远超出了管道材料的弹性范围，实际上管体不可能存在如此大的应力，在没有产生如此大推力时已经断裂。可见，该滑坡足以导致管道断裂。若存在管体缺陷，特别是环焊缝缺陷对轴向应力较为敏感，容易在较大轴向应力作用下发展导致管道断裂失效。滑坡等地质灾害常导致管体产生较大的轴向应力，因此，在滑坡和管体缺陷下共同作用下管道更容易发生断裂。若该段管道存在对轴向应力敏感的管体缺陷，可能较小的滑坡活动就可能导致管道断裂。

案例二： 湖北省某市"7·20"川气东送管道爆燃事故

2016 年 7 月 20 日 6 时 30 分左右，"川气东送"管道在湖北省某市境内爆炸燃烧，造成 2 死 3 伤，某输气站-某阀室 20.9km 管线停输，下游气源中断，图 7-14 为爆炸事故现场。

图 7-14　爆炸事故现场

在该段，管道穿越马水河后总体纵坡向上敷设，坡度 15°～25°。基岩地层为三叠系中统巴东组紫红色泥岩、泥质砂岩（T2b2）和泥质灰岩组成（T2b3），地层产状 115°∠30°，为逆斜向坡结构；低洼的凹沟部位为崩坡积覆盖层，多为含碎石粉质黏土。滑坡总体沿着一低缓的凹沟发育，滑坡发生前该部位基本上为旱作梯田（图7-15、图7-16）。滑坡为覆盖层滑坡，下部可能包括基岩强风化层。滑坡主滑方向南西向，边界形态总体呈不规则的喇叭形，后缘高程约685m，前缘高程约495m，宽度50～200m，长度900余米，厚度估计20～30m，体积约300×10⁴m³，属于大型滑坡。

图7-15　管道爆炸点平面示意图

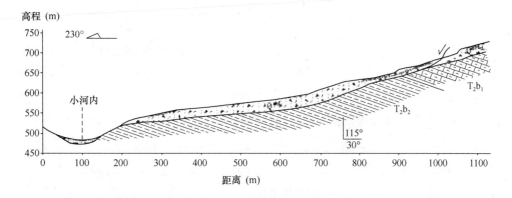

图7-16　管道爆炸点滑坡地质剖面图

管道在滑坡区的右后侧通过，在滑坡及强变形区的管道长度约150m，滑坡造成管道拉断。此处出现大规模滑坡的原因可归结为不利的地质条件和强降雨。滑坡区出露地层为三叠系中统巴东组，巴东组是鄂西南与渝东地区典型的"易滑岩组"，在三峡库区的东段，有大量的滑坡发育在巴东组中，是滑坡的高敏感性地层。强降雨是该滑坡的主要诱发因素，2016年

7月18日8时至20日8时期间，某市某坝雨量站6h最大降雨206.0mm，24h最大降雨360.0mm，其中6h暴雨重现期约100年一遇，24h暴雨重现期超过100年一遇。滑坡所在部位低缓凹沟，为大量雨水汇集和入渗提供了地貌条件。

案例三：山西省某市"9·30"管道破裂泄漏事故

2011年9月30日14时许，山西省某煤层气管道进站段坡脚管道发生泄漏，由于发现及时并处置妥当，未引起爆燃事故。

西一线与煤层气管道近东西向纵坡敷设，斜坡长度约170m，坡度18°~37°。地层上部为覆盖层，厚度13~25m，包括上部的人工填土和下部的坡积物，基岩为二叠系下统砂岩、页岩，基岩产状平缓（310°∠11°），管道爆炸点剖面示意图见图7-17。

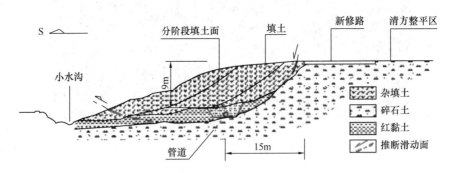

图7-17　管道爆炸点剖面示意图

滑坡是造成管道破裂泄漏的直接原因，间接的原因是较大规模的填方。此段斜坡经历过多阶段的填方，包括修建老公路阶段的填方、管道建设前期的填方及修建某互通连接线时的填方。修建某互通连接线填方规模较大，局部（特别是斜坡后部）使管道呈深埋状态。某互通连接线在管道运营一年后于2010年通车，2011年即出现管道破裂泄漏事故。总体看，滑坡为填方滑坡，可分为H1和H2两个滑坡体，也可看出前后两个阶段的滑动变形。H1滑体位于填方坡体前缘，坡体较陡（约30°），由于雨期降雨入渗以及公路涵洞排水的入渗（涵洞出水口正好处于H1滑体的后缘），增加了土体密度，软化了填方土体，引发前缘土体的滑移。H1滑体滑移结果是减少了坡脚部位荷载，从而诱发或加剧了原本不稳定的填土斜坡的变形破坏，出现H2滑坡。滑坡破坏模式为复合式，兼具推移式和牵引式特征。

管道方向与滑坡滑动方向总体一致，此种滑坡与管道作用模式下，管道出现上部受拉、下部受压的受力模型。管道破裂点没有出现在滑坡区（填方区），而是出现在距离滑坡前缘约 65m 处，一种可能是滑坡前段管道较为平直，管道埋深较大，管沟土密实，管沟土对管道有较好的约束，直至到滑坡前缘约 65m 处，由于地形转变等因素，出现应力集中，引起管道在此处屈服破坏；另一种认为滑坡前缘到达了管道破裂部位。笔者倾向于前者，因为填方前缘到管道破裂点间地形为平缓凹沟，下部为碎石土，不利于在此段发育滑坡，滑坡平面图见图 7-18，滑坡剖面图见图 7-19。

图 7-18　滑坡平面图

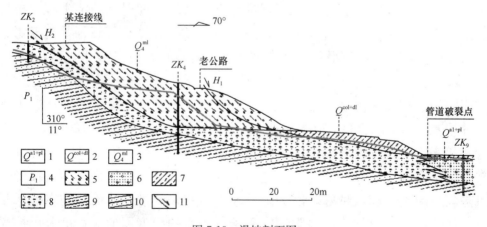

图 7-19　滑坡剖面图

1—第四系冲洪积；2—第四系崩坡积；3—人工填土；4—二叠系下统；5—杂填土；
6—砂卵石堆积；7—粉质黏土；8—碎石土；9—泥岩；10—砂岩；11—滑面

三、经验教训

（一）人为（工程活动）因素是主要因素。管道日常管理中需密切关注和防范管道附近较大规模的工程活动，一般情况下单纯的增大埋深对管道安全的影响不是致命的，增加埋深在管道上增加了围压，虽然顶底部与两侧受力不同，但主要是环向的应力。堆载导致管道安全问题主要是由于堆载区或两侧可能存在显著差异沉降，特别是存在软弱地基的情况，或由于堆载引起滑坡。

（二）注意滑坡体外、滑坡运动路径上管道安全防护。深圳某区滑坡剪出口距离管道最小距离达到 70m，由于高速运动的碎屑流向下部的侵彻和剐蹭作用，导致管道损毁。此前我们更多关注的是滑体中的管道安全，深圳某区滑坡损管的案例，为存在类似情况的管道安全防护敲响了警钟。

（三）早期识别重要性及可能性。地质灾害早期识别至关重要，只要提前识别地质灾害风险，就可以采取针对性的风险减缓措施。地质灾害早期识别是可能的，几处滑坡案例中，灾害点存在明显的前期变形迹象。

（四）加强燃气管道建设前期工作。地质灾害主控因素还是地质因素，在充分认识地质灾害主控因素的基础上，在选线阶段做到优化线路，规避地质灾害易发段。

（五）应向社会公众宣传可接受性风险（或称风险容忍度）的概念。地质灾害防治工程及管道防护工程都有设防标准，如滑坡防治工程，根据防治工程级别Ⅰ、Ⅱ、Ⅲ级，相应按 10 年、20 年、50 年暴雨重现期考虑作为强度荷载标准进行设计（《滑坡防治工程设计与施工技术规范》DZ/T 0219）；又如，管道水域穿越工程，根据工程等级分为大型、中型、小型，对应防护工程设计洪水频率为 1%、2%、2%（《油气输送管道穿越工程设计规范》GB 50423）。以上说明，防范是设定在一定程度范围内的，但近些年来，一些管道地质灾害事件是在异常气象条件下发生的，异常气象常超出了工程设计设防的上限，这种条件下出现事故可以理解为可接受性风险。风险不是越低越好，因为降低风险需要采取措施，措施的实施需要付出代价，所以通常将风险限制在一个可接受的程度。但对这部分可接受的风险，应通过完善应急预案等措施，最大限度地降低风险损失。

第七节　燃气管道周边施工造成地质沉降

一、相关规定

《中华人民共和国石油天然气管道保护法》规定：在管道线路中心线两侧各 5m 地域范围内，禁止取土。

二、危害辨识

当有第三方在管道周边取土施工时，要做好管线的防护措施，防止土壤坍塌，造成燃气管道沉降、断裂，发生燃气泄漏。

三、相关案例

案例一：长春第三方施工发生土壤塌陷导致燃气管道泄漏

2014 年 3 月 12 日 14 时许，长春市某公园门前 100m 处因第三方企业施工造成燃气管网断裂，发生燃气泄漏，为保证安全快速抢修，交通临时管制，一度造成交通拥堵。

经专家现场检查，是由于第三方企业春季施工现场地面土壤层沉降导致塌方，把燃气管线剪切截断，造成了燃气泄漏。

案例二：东莞市某镇某城轨"8·13"坍塌事故

2015 年 8 月 12 日 7 时许，在东莞某镇某城轨交通项目地表出现坍塌，塌坑面积约 290m²，坍塌造成该位置给水管道及燃气管道断裂。

案例三：深圳某区某渣土受纳场"12·20"特别重大滑坡事故

2015 年 12 月 20 日 6 时许，位于深圳某区某渣土受纳场发生滑坡事故，造成 73 人死亡，4 人下落不明，17 人受伤（重伤 3 人，轻伤 14 人），33 栋建筑物（厂房 24 栋、宿舍楼 3 栋、私宅 6 栋）被损毁、掩埋，90 家企业生产受影响，涉及员工 4630 人。事故造成直接经济损失为 8.81 亿元（图 7-20）。

（一）事故原因

事故直接原因是：渣土受纳场没有建设有效的导排水系统，受纳场内积水未能导出排泄，致使堆填的渣土含水过饱和，形成底部软弱滑动带；严重超量超高堆填加载，下滑推力逐渐增大、稳定性降低，导致渣土失稳

图 7-20　受纳场地理位置示意图

滑出，体积庞大的高势能滑坡体形成了巨大的冲击力，加之事发前险情处置错误，造成重大人员伤亡和财产损失。

事故暴露出五个方面的问题和教训：一是涉事企业无视法律法规，建设运营管理极其混乱；二是地方政府未依法行政，安全发展理念不牢固；三是有关部门违法违规审批，日常监管缺失；四是建筑垃圾处理需进一步规范，中介服务机构违法违规；五是漠视隐患举报查处，整改情况弄虚作假。

（二）事故防范措施建议

1. 牢固树立安全发展理念，建立健全安全生产责任体系。各级党委政府要牢固树立红线意识和安全发展理念，把安全生产工作摆在更加突出的位置，切实维护人民群众生命财产安全。要健全并落实"党政同责、一岗双责、失职追责"安全生产责任制，确保企业安全生产主体责任到位、党委政府的领导责任到位、有关部门的监管责任到位。要加强对淤泥渣土受纳场等建设项目的安全风险辨识、分析和评估，把好规划、建设、运营等关口，从源头上杜绝和防范安全风险。要全面开展城市风险点、危险源的普查工作，整合各类信息资源，健全完善城市隐患、风险数据库，为城市安全决策提供可靠的信息支持。

2. 严格落实安全生产主体责任，夯实安全生产基础。生产经营单位必须严格遵守国家法律法规，把保护职工的生命安全与健康放在首位，决不能以牺牲职工的生命和健康为代价换取经济效益。要严格落实安全生产主体责任，建立健全安全生产责任制和安全生产规章制度，加大安全生产投入，加强从业人员安全生产、应急处置培训教育。要切实加强作业场所安全管理，提高从业人员现场应急处置能力和自救互救能力。要完善落实隐患排查治理制度，建立隐患排查治理自查、自报、自改机制，认真开展作业场所危险因素分析，加强安全风险等级防控。

3. 加强城市安全管理，强化风险管控意识。各级政府要准确把握安全与发展、改革与法治的关系，始终把城市安全放在城市治理的首要位置。要理顺城市公共安全和安全生产监 管职责，健全完善城市安全监管工作机制，处理好综合监管与行业监管、属地监管的关系，不断提升城市安全监管水平。要从源头上杜绝事故隐患，完善工程质量安全管理制度，落实建设单位、勘察单位、设计单位、施工单位和工程监理单位五方主体质量安全责任，加强建设项目安全监管。要建立风险等级防控工作机制，加强事中事后监管，及时发现安全风险和隐患，不断完善风险跟踪、监测、预警、处置工作机制，防止"想不到"的问题引发的安全风险，切实维护人民群众生命和财产安全。

4. 增强依法行政意识，不断提高城市管理水平。各地区、各部门要坚持依法行政，进一步提高运用法治思维和法治方式解决问题的能力。改革必须于法有据，法律法规必须执行。要依法规范城市建设中的市场行为，切实营造规范有序、公平竞争的市场环境。要完善依法决策机制，提高城市建设管理中重大行政决策法治化水平。强化行政执法监督，切实规范执法行为，促进执法公开、公平、公正。要强化廉洁行政意识，在城市开发建设中，推进行政行为的公开透明和清正廉洁，增强城市建设管理的透明度。

5. 加强城市建筑垃圾受纳场管理，建立健全标准规范和管理制度。有关部门要针对此次滑坡事故成因机理，梳理现行建筑垃圾建设运营标准规范，建立健全渣土受纳场相关技术标准体系，完善建筑垃圾全过程管理制度，指导规范渣土受纳场规划、设计、建设和运营等工作；保证用地供给，加快建筑垃圾处理设施建设；制定激励政策，大力推进再生产品利用，促进建筑垃圾减量。各级地方政府有关部门要组织编制建筑垃圾填埋场规划、建设、运营地方标准，规范安全监管，落实"管行业必须管安全"的原则。市政府及其有关部门要深刻吸取事故教训，完善相配套的渣土受纳场规划、建设和运营管理的规章制度，做到审查有依据、建设有标准、执法有遵循、应急有准备和管控有保障，确保渣土受纳场安全运行。

6. 加强应急管理工作，全面提升应急管理能力。各级政府要加强应急救援工作，健全统一指挥、反应迅速、协调有序、运作高效的应急处置机制，科学施救，最大限度减少人员伤亡和财产损失。要完善应急预案，加强应急演练，提高应急准备的针对性、协同性和实效性，推动事故应对工作由"救灾响应型"向"防灾准备型"转变。要综合运用现代信息技术，加强对各类垃圾填埋场表面水平位移监测、深层水平位移监测、堆积体沉降监测、堆积体内水位监测等实时监测工作，实现事故风险感知、分析、服务、指挥、监察"五位一体"，做到早发现、早报告、早研判、早处置、早解决。要加强重特大事故舆情应对工作，建立健全重大事故新闻报道快速反应、舆情收集和分析制度，特别是加强网络舆论疏导，防止恶意炒作。

7. 加强中介服务机构监管，规范中介技术服务行为。负责勘察、设计、监理、环境影响评价、水土保持等中介机构资质管理的职能部门应尽快完善相关管理制度，实现中介服务机构管理的法制化和规范化。加强对中介服务机构经营活动的监督检查，纠偏惩过，建立完善中介服务机构信用体系和考核评价机制，定期向社会公示相关信用状况和考评结果，督促中介服务机构建立良好的信誉。加快环境影响评价、水土保持等中介服务机构与政府职能部门的改制脱钩，遵循市场竞争，培育多元化的中介服务市场主体，建立正常的退出淘汰机制。

8. 加强事故隐患排查治理和举报查处工作，切实做到全过程闭环管理。完善各类信访举报平台，开通举报电话、电子信箱、举报微信等方式，畅通群众举报渠道，鼓励群众举报安全生产问题。建立完善举报信息查处工作机制，实施全过程"留痕"制度，做到谁签字、谁负责，谁监管、谁落实，实现对举报信息的受理、查处、结案、验收、公示等环节的闭合管理，特别是要切实落实隐患整改的验收和公示，确保隐患整改效果并接受社会监督。

第八节　其他事故案例

一、燃气管道破坏导致的次生灾害

案例一：保定市"6·2"爆燃事故

2016年6月2日15时左右，位于保定市某汽车专营有限公司某分公司突发一起爆燃事故，造成 4 人不同程度烧伤，直接经济损失 220 万元左右。

（一）事故原因及性质

1. 直接原因

某燃气公司所属天然气管道发生泄漏扩散进入污水管道，再经污水管道、保定市某汽车专营有限公司某分公司办公室内坐便器等设施进入室内，并且积聚达到爆炸极限范围，遇点火源引发爆燃。

2. 间接原因

（1）2015 年上半年雨后有重型卡车在泄漏点管道上方陷车，并造成该区域路面塌陷，使燃气管道严重受损，而燃气公司在发现路面塌陷后，没有估计到会对地下的燃气管道造成损坏，所以没有对燃气管道进行检查、维护或者更换。受损的燃气管道在路面过往重载车辆振动的长期作用下，形成疲劳性的突然破损，引起燃气管道泄漏。

（2）燃气公司巡查人员工作不到位，未及时发现泄漏（查看公司 2016 年 5 月 27 日后的巡查记录，结果均为正常）。

（3）燃气公司发现有燃气泄漏至污水井后，未给予高度重视，没有想到会泄漏到周边门店内的可能性，所以也就没有对周边门店内燃气含量进行检测。

（4）燃气公司没有严格执行《安全生产事故隐患排查治理暂行规定》（国家安全生产监督管理总局令 16 号），即查出燃气管道泄漏后，只是关闭了泄漏部位两端的阀门，没有及时向安全监管监察部门和有关部门报告，没有制定事故隐患治理方案，也没有采取必要的处置及预防发生爆燃的措施。

3. 事故性质

经事故调查组核实认定，该事故是由第三方破坏引起，因燃气公司安全管理不到位，对泄漏事故后果估计不足引发的一起一般责任事故。

（二）事故防范和整改措施

1. 燃气公司应针对事故段的燃气管道进行拆除，聘请有资质的设计单位进行重新设计，找有资质的施工单位按设计要求重新进行施工建设。恢复供气前，要严格进行试漏、试压检查。

2. 燃气公司组织专业技术人员、聘请相关专业专家，对所管辖的全部天然气管道进行全面的隐患排查，特别是针对铺设在公路下面的燃气管道，要进行认真的检查，消除隐患。

3. 燃气公司日常应加强对公司员工的安全教育、培训，提高员工的安全技术水平及责任心；应强化对线路的巡检，确保能够提前发现问题。

4. 燃气公司应加强对燃气设施周边商户及燃气使用单位、人员的燃气知识的宣传，使其能够切实了解燃气的性质、发生泄漏后可造成的后果及应急处置措施等。

5. 燃气公司应吸取本次事故的教训，教育全体员工树立"安全第一"的思想，认真贯彻"安全第一，预防为主，综合治理"的方针。

案例二：西宁"12·18"天然气管道损坏，燃气串入室内导致爆燃事故

2013年12月18日11时46分，西宁某路基坑支护施工现场发生天然气泄漏爆燃事故，造成7人受伤，直接经济损失127万元。

（一）事故发生的原因和事故性质

1. 事故发生的直接原因

基坑支护施工人员使用100型钻机进行打孔作业，当钻杆在北侧基坑-6m的墙面上以向下15°的倾斜角钻入墙体约7m深时，将埋于地下的天然气管道侧壁打穿，发生天然气泄漏，继而引发爆燃，是导致事故发生的直接原因。

2. 事故发生的间接原因

（1）某房地产开发有限公司未办理施工许可证；未与基坑支护施工单位签订建筑工程施工承包合同，违反基本建设程序，是导致事故发生的间接原因之一。

（2）某房地产开发有限公司未依法查明区域内地下管线分布情况；未依法向基坑支护施工单位提供地下管线分布资料，是导致事故发生的间接原因之二。

（3）某建工集团有限公司青海分公司编制的《基坑支护施工方案》未经专家论证和监理审查；在不明地下燃气管线分布资料的情况下盲目施工，是导致事故发生的间接原因之三。

（4）某建工集团有限公司青海分公司在基坑支护施工作业前，未依法会同燃气经营者共同制定燃气设施保护方案及相应的安全保护措施，对施工作业人员安全教育不到位，是导致事故发生的间接原因之四。

3. 事故性质

西宁"12·18"天然气泄漏爆燃一般事故是一起责任事故。

（二）事故防范和整改措施

1. 各级党委、政府要认真分析研判建筑施工领域生产安全事故多发、高发的具体原因和客观规律，尤其要加强对油气输送管线安全专项排查整治活动的组织领导，坚持"党政同责，一岗双责，齐抓共管"，认真开展隐患排查治理专项行动，进一步摸清辖区建筑施工活动范围内可能涉及油气输送管线的安全管理现状，做到底数清、情况明。进一步强化教育宣传，提高安全意识，使所有参建单位了解和掌握安全作业知识和相关要求，坚决杜绝违规违章作业行为。

2. 市、县（区）两级建设行政主管部门要切实加强对建筑施工活动的监督管理工作，深入开展建筑施工领域安全大检查，务必做到不留死角，不走过场。特别要针对违反基本建设程序的违法违规等问题，坚持发现一起，查处一起，彻底消除事故隐患，严防类似事故再次发生。

3. 全市各建设、勘察、设计、施工、监理等单位要严格按照《建设工程安全生产管理条例》（国务院令第 393 号）等法律法规的要求，认真落实企业安全生产主体责任，坚持安全施工、文明施工。在施工作业前，应及时与相关部门核实施工现场及毗邻区域内供水、排水、供电、供气、供热、通信、广播电视等市政管线分布情况，制定专项安全保护措施。施工过程中要加强现场安全管理，杜绝盲目施工引发事故。

4. 燃气经营单位要切实加强对全市范围内燃气管线的安全巡查力度，巡查人员如发现埋设燃气管线安全范围内有施工作业现场，应当以书面形式对建设单位和施工单位的负责人进行地下燃气管位提示，并放置警示告知牌。对建设单位、施工单位提出的对地下燃气管线保护的相关要求，应当给予积极配合。

二、燃气管道埋深不足导致的第三方破坏

案例情况。

2019 年 6 月 11 日上午 11 时左右，北京市某工程有限公司在某道路及景观改造提升工程（含基础设施改造工程）施工过程中，发生一起施工破坏燃气管线事故，此起事故造成直接经济损失约为 20 万元，未造成人员伤亡。

（一）事故的直接原因

被损坏的燃气管线下方有一水泥管道，燃气管线从水泥管道上面穿过，呈"∩"形上拱状态，管线上方距地面仅有 25～30cm，埋深不足。

北京市某工程有限公司盲目施工，在该燃气管线安全间距范围内进行破碎挖掘作业，致使该燃气管道破损，造成燃气泄漏。

（二）事故的间接原因

北京市某工程有限公司安全管理不到位，未制定燃气设施保护方案，未组织开展对地下燃气管道的核查工作，未明确安全保护措施，未让燃气供应单位进行监护，在施工过程中未实施保护措施，未对从业人员进行安全生产教育培训，是造成此次事故的间接原因。

三、燃气管道设施第三方破坏引发的劳动纠纷

案例情况。

（一）基本情况

2006 年 3 月，沈某明经招聘进入南京某燃气公司从事巡查员工作，工作职责为在巡查责任区域范围内查看管道设施有无泄漏，有无第三方施工，如遇第三方施工，向第三方施工方交底并发放安全告知书，发现管道泄漏或第三方施工要上报公司。沈某明每天须在巡查范围内巡视一次。沈某明的巡查责任区域范围为大厂片区。其职责之一是查交叉施工，发现燃气管道安全保护范围或控制范围内有施工作业，应及时报告并应立即制止，向建设单位或施工单位发放《燃气管道设施安全告知书》。如现场情况无法制止或发放告知书时对方拒签，巡查员要立即向生产运营组主任或办事处处长汇报。对有可能影响燃气管道设施安全运行的施工作业，应设立警示标志，并进行现场监护。

（二）两起燃气管道设施第三方施工损坏事故

下述两起燃气管道设施第三方施工损坏事故均发生在沈某明的巡查责任区域范围内。

2013 年 5 月 15 日，沈某明当日休息，某施工单位下属项目部在施工过程中违反《＿＿市燃气管道设施保护管理办法》《＿＿市燃气管理条例》相关规定，在未查明燃气管道深度、未对照燃气管道图纸的情况下，使用挖掘机进行开挖作业，将燃气管道挖断。事后，施工单位赔偿燃气公司20000 元。

2013 年 5 月 27 日，某施工单位下属项目部在施工过程中违反《＿＿市燃气管道设施保护管理办法》《＿＿市燃气管理条例》相关规定，在未通知燃气公司的情况下，在燃气管道安全保护范围内进行打桩作业，将燃气公司燃气管道破坏。事后施工单位赔偿燃气公司 300000 元。

（三）燃气公司以沈某明玩忽职守、未能履责提出解除劳动合同

2013年5月，燃气公司认为沈某明玩忽职守，交底不清，未能履行巡查交叉施工职责，导致其巡查责任区域内连续发生两起燃气管道设施第三方损坏事故，严重失职，在两起事故中负有主要责任，给燃气公司造成了重大的经济损失和恶劣的社会影响。

燃气公司根据《中华人民共和国劳动法》（2009年修正）第二十五条第（三）款的规定与其解除劳动合同。沈某明于2013年9月30日申请仲裁，要求燃气公司赔偿其自2006年3月15日～2013年6月30日的经济赔偿金。南京市某区劳动人事争议仲裁委员会于2014年9月1日作出裁决，要求燃气公司双倍赔偿沈某明经济赔偿金47430元。

根据燃气公司《地下管网管理制度》第三章第3.2.3条第2款的规定，《异动管理制度》第十七条第4款的规定，以及《中华人民共和国劳动合同法》（2009年修正）第二十五条第（二）、（三）款的规定，燃气公司于2013年5月29日下达《关于给予沈某明同志辞退处理的通知》，从2013年6月1日起解除与沈某明的劳动合同。燃气公司表示该辞退决定已经工会批准，即请工会主席在批阅单上签名。

（四）燃气公司的做法和理由

燃气公司提交工程造价结算书及工程量确认表，证明上述两起事故抢修的费用及气损分别为118802.49元、417956.84元，造成了严重的经济损失。燃气公司获得赔偿320000元，损失为216759.33元。另外，燃气公司提交南京市"12345"政府服务呼叫中心来电工单，证明上述两起事故给燃气公司造成负面的社会影响。

（五）沈某明的做法和看法

沈某明在履行工作职责中完全遵守燃气公司的规章制度和操作流程，在两次事故中并未违反操作规范，不存在燃气公司认定的玩忽职守、不履行工作职责的行为。燃气公司解除和沈某明的劳动合同依据的规范未经过民主程序，在决定前也未对职工进行公示，没有给沈某明申辩的机会。

2013年5月14日的作业记录显示，沈某明在当天的巡检记录上记载："1. WS路通往九村路口处，十四HJ公司铺污水管与燃气交叉，已和施工方现场交底，告知人工探管，现场监护。2. BW路（玉桥门前）通往欣乐过路管处，十四HJ公司准备开挖，铺污水管与燃气交叉，已和施工方进行现场交底，告知须人工探明管线"。

2013年5月18日的巡检记录显示，沈某明在当天的巡检记录上记

载："PDS 路地铁围挡内，已在燃气管道上方设置警示旗，并拍照上传"。

巡检报告上沈某明签名，并由燃气公司马某签名复核。这种做法符合燃气公司的通行做法。

（六）判决结果

1. 驳回燃气公司的诉讼请求。

2. 燃气公司与沈某明的劳动关系于 2013 年 6 月 1 日解除。

3. 燃气公司于本判决生效后 5 日内支付沈某明经济赔偿金 47430 元。

参 考 文 献

[1]　郑洪龙，黄维和. 油气管道及储运设施安全保障技术发展现状及展望[J]. 油气储运，2017，
　　　36(1)：1-7.

[2]　王俊强，何仁洋，刘哲，郭晗. 中美油气管道完整性管理规范发展现状及差异[J]. 油气储运，
　　　2018，1：6-14.

[3]　Girgin S，Krausmann E. Historic analysis of US onshore hazardous liquid pipeline accidents
　　　triggered by atural hazards[J]. Journal of Loss Prevention in the Process Industries，2016
　　　(40)：578-590.

[4]　邓清禄等. 长输管道地质灾害风险评价与控制[M]. 北京：中国地质大学出版社，2016.

[5]　郝建斌，荆宏远等. 横穿状态下均质滑坡对管道的推力计算[J]，石油学报，2012，33(6)：
　　　1093-1097.

[6]　邓道明等. 横向滑坡过程中管道的内力和变形计算[J]. 油气储运，1998，17(7)：18-22.

[7]　Deng Q，Fu M，Ren X，Li F u，Tang H. Precedent long-term gravitational deformation of
　　　large scale landslides in the Three Gorges reservoir area，China[J]. Engineering Geology，
　　　2017(221)：170-183.

[8]　刘绍兴，魏新峰，吴建军，张益瑄. 滑坡段顺坡敷设管道应力分析及治理措施[J]. 城市建
　　　设理论研究(电子版)，2013(17)：1-6.

[9]　戴联双，郑洪龙，程五一，张华兵. 油气管道风险可接受准则与指标模型[J]. 油气储运，
　　　2009，28(7)：1-4.

[10]　罗锋，等. 植物根系对管道防腐层的影响及对策[J]. 油气储运，2013(11)：1175-1178.

[11]　么惠全，冯伟，张照旭，等. "西气东输"一线管道地质灾害风险监测预警体系[J]. 天然气
　　　工业，2012，32(1)：81-84.

[12]　帅健，王晓霖，左尚志. 地质灾害作用下管道的破坏行为与防护对策[J]. 焊管，2008，31
　　　(5)：9-15.

[13]　陈柏杰. 油气管道安全风险外部影响因素及风险分析[D]. 广州：中山大学，2014.

[14]　李长俊. 天然气管道输送[M]. 2版. 北京：石油工业出版社，2008.

[15]　梁平，王天祥. 天然气集输技术[M]. 北京：石油工业出版社，2008.

[16]　张爱凤. 燃气供应工程[M]. 合肥：合肥工业大学出版社，2009.

[17]　李刚，王世泽，郭新江. 天然气常见事故预防与处理[M]. 北京：中国石化出版社，2007.

[18]　茹慧灵. 油气管道保护技术[M]. 北京：石油工业出版社，2008.

[19]　中华人民共和国建设部和国家质量监督检验检疫总局. 城镇燃气设计规范(2020年版)：
　　　GB 50028—2006[S]. 北京：中国建筑工业出版社，2006.

［20］　中华人民共和国住房和城乡建设部. 聚乙烯燃气管道工程技术标准：CJJ 63—2018［S］. 北京：中国建筑工业出版社，2018.

［21］　中华人民共和国住房和城乡建设部. 城镇燃气设施运行、维护和抢修安全技术规程：CJJ 51—2016［S］. 北京：中国建筑工业出版社，2016.